UM LIVRO BOM,
PEQUENO E ACESSÍVEL
SOBRE

PESQUISA QUALITATIVA

S5871 Silverman, David.
Um livro bom, pequeno e acessível sobre pesquisa qualitativa / David Silverman ; tradução Raul Rubenich.– Porto Alegre : Bookman, 2010.
230 p. ; 20 cm.

ISBN 978-85-7780-523-5

1. Pesquisa científica. 2. Métodos de pesquisa. I. Título.

CDU 001.891

Catalogação na publicação: Renata de Souza Borges CRB-10/1922

DAVID SILVERMAN

UM LIVRO BOM, PEQUENO E ACESSÍVEL SOBRE PESQUISA QUALITATIVA

Tradução:
Raul Rubenich

Consultoria, supervisão e revisão técnica desta edição:
Andres Rodriguez Veloso
Doutor em Administração pela FEA-USP
Professor da FEA-USP

bookman®

2010

Obra originalmente publicada sob o título *A Very Short, Fairly Interesting and Reasonably Cheap Book about Qualitative Research*
ISBN 9781412945967

© David Silverman, 2007

Edição em língua inglesa publicada por Sage Publications of London, Thousand Oaks, New Delhi and Singapore

Capa: *Paola Manica*

Preparação de original: *Sandro Waldez Andretta*

Editora Sênior: *Arysinha Jacques Affonso*

Editoração eletrônica: *Techbooks*

Reservados todos os direitos de publicação, em língua portuguesa, à
ARTMED® EDITORA S.A.
(BOOKMAN® COMPANHIA EDITORA é uma divisão da
ARTMED® EDITORA S.A.)
Av. Jerônimo de Ornelas, 670 – Santana
90040-340 – Porto Alegre – RS
Fone: (51) 3027-7000   Fax: (51) 3027-7070

É proibida a duplicação ou reprodução deste volume, no todo ou em parte, sob quaisquer formas ou por quaisquer meios (eletrônico, mecânico, gravação, fotocópia, distribuição na Web e outros), sem permissão expressa da Editora.

SÃO PAULO
Av. Angélica, 1.091 – Higienópolis
01227-100 – São Paulo – SP
Fone: (11) 3665-1100   Fax: (11) 3667-1333

SAC 0800 703-3444

IMPRESSO NO BRASIL
PRINTED IN BRAZIL

Dedicado aos meus amigos no primeiro piso do Lady Sarah Cohen Home: Hetty, Rita, Harold, Phyllis, Lou, Tilly, Sol, Bernard, Esther e muitos outros. Muito obrigado por aquilo que vocês trouxeram à minha vida.

Agradecimentos

Como já ocorreu com tantas iniciativas do gênero, este livro começou a tomar forma durante um almoço com meu editor. O almoço foi excelente, mas confesso que no início não me mostrei muito receptivo à sugestão de Patrick Brindle de fazer mais um livro. Afinal, desde o momento em que optei por me aposentar do ensino em tempo integral, estava concentrado na tarefa um pouco menos exigente de atualizar edições de meus inúmeros livros-texto. Foi só alguns dias depois que me dei conta de que o livro provocante que Patrick pretendia lançar poderia basear-se nas conferências proferidas ao longo dos últimos anos para a Qualitative Research Network da European Sociological Association (ESA). Alguns *e-mails* a mais entre nós, e este livro é o resultado.

Como Patrick insistiu desde o começo, o livro é despudoradamente calcado na fórmula usada por Chris Grey em seu livro *A Very Short, Fairly Interesting and Reasonably Cheap Book about Studying Organizations* (Sage, 2005). Acho que acabei me apropriando não só do título do livro de Chris como de sua ideia de fazer uma provocante introdução ao meu campo em uma espécie de antilivro-texto. Espero que ele me perdoe por isso.

Patrick foi um estupendo editor e crítico. Inúmeras outras pessoas também tiveram a bondade de ler e comentar os primeiros esboços. Cabe um agradecimento especial a Jay Gubrium, Alexa Hepburn, John Heritage, Celia Kitzinger, Ross Koppel, Doug Maynard, Anne Murcott, Jonathan Potter, Anne Ryen, Clive Seale e Gary Wickham. Todos vocês me serviram de inspiração, da mesma forma que meus amigos e colegas da Qualitative Methods Research Network, da ESA.

Meu muito obrigado a Michal Chelbin pela permissão de usar as fotos que são o resultado de seu trabalho. Em um nível mais pessoal, preciso agradecer a Sara Cordell por seus cuidados comigo, e a meus amigos na The Nursery End, NW8 (Leslie, Sol e John) por transformarem meus verões em algo que vale a pena esperar. Meus filhos, Danielle e Andrew, ajudaram de um jeito que eles talvez nem tenham imaginado ao contestar, com espírito amoroso, a maneira pela qual eu enxergo o mundo. Por fim, agradeço à minha esposa Gillian por seu amor e apoio.

Sumário

Introdução: Abrindo um Espaço para este Livro		11
1	Incontáveis Hábitos Inescrutáveis: Por que Fatos Triviais são Importantes	25
2	Sobre Descobrir e Fabricar Dados Qualitativos	59
3	Instâncias ou Sequências?	93
4	Aplicando a Pesquisa Qualitativa	127
5	A Estética da Pesquisa Qualitativa: sobre Blá-blá-blá e Amígdalas	175
6	Uma Conclusão Rapidíssima	209
Referências		213
Apêndice: Símbolos de Transcrição		221
Índice de Autores		223
Índice de Assuntos		227

Introdução: Abrindo um Espaço para este Livro

O que passa pela mente dos autores durante o processo de elaboração de um livro? Você imagina gênios solitários ou ególatras confusos que se sentem obrigados a publicar mesmo sabendo que suas palavras serão mal-interpretadas ou, ainda pior, ignoradas? Ou você os vê como verdadeiros artesãos que trabalham camadas de matérias a fim de produzir uma obra que venha a ser aceitável para o maior número possível de pessoas?

Ao longo da última década, no mínimo, esforcei-me para ser um artesão desses. Os livros-texto e as transcrições de conferências que produzi (Silverman, 2004, 2005 e 2006) sempre visaram a ser abrangentes e equilibrados. Em busca desse objetivo, eram textos razoavelmente extensos. Em contraste, o presente livro é curto e intencionalmente opinativo e parcial. Faltam-lhe também muitas características tradicionais dos livros-texto, como listas de itens, exercícios e leituras recomendadas. Assim sendo, por que alguém iria se preocupar em comprar semelhante obra?

Se você quer um simples resumo ou leitura rápida com a qual possa passar "arranhando" em um curso de métodos de pesquisa, este não é o livro que está procurando. Meu objetivo é estimular o leitor fazendo-o repensar várias das suposições e generalidades que os livros-texto costumam transmitir.

Este livro não tem a pretensão de acompanhá-lo durante qualquer curso, nem mesmo de garantir sua aprovação em algum. Na melhor das hipóteses, uma leitura menos convencional, como esta, poderá proporcionar-lhe alguma atenção de professores que já estejam cansados de respostas padronizadas, típicas de livros-texto.

Sei que o estudo na universidade parece cada vez mais indigesto, monótono, como se você estivesse trabalhando em uma linha de montagem e ainda fosse obrigado a produzir determinado resultado – e, o pior, pagando por isso. Em semelhante contexto, pode ser que nem sobre tempo para buscar algum tipo de estímulo intelectual. Por isso, por que arriscar-se a ultrapassar os requisitos mínimos?

Para responder a essa pergunta, na próxima seção explicarei por que a mecânica da pesquisa pode adquirir importância para você. Depois, tentarei mostrar como a pesquisa qualitativa adquiriu importância para mim.

Por que os métodos de pesquisa podem ser importantes para você?

Pretendo dar a essa pergunta uma resposta concreta. Em vez de proporcionar ao leitor uma argumentação abstrata, eu gostaria que ele pensasse a respeito de algumas das coisas que está fazendo e daquelas que poderá vir a fazer no futuro. Uma importante constatação dos profissionais da pesquisa qualitativa estabelece que, em vez de ter uma versão fixa sobre quem somos, todos nos movimentamos entre identidades múltiplas (ver Holstein e Gubrium, 1995; Rapley, 2004; e Silverman, 1987, capítulo 10). Pensemos sobre três identidades reais ou possíveis: estudante, empregado e cidadão. A seguir, permitam-me considerar a relevância de um conhecimento de métodos de pesquisa para cada identidade.

Estudante

Se você é aluno de um curso de métodos de pesquisa, é muito provável que venha a ser solicitado a desenvolver um projeto de pesquisa em pequena escala. Se isso acontecer, poderá sentir-se tentado a buscar respostas simples, tipo "receita pronta", às questões da pesquisa. Mas, se você for mais esperto, irá certamente recorrer a um livro-texto que busque proporcionar-lhe exemplos práticos de estudos de pesquisas reais e que ofereça experiência prática em análise de dados (a propósito, esses são os objetivos de meus textos também).

Se você, no entanto, for um estudante dedicado, poderá sentir-se estimulado a conhecer mais a respeito da matéria. Este livro busca proporcionar a você uma incursão em questões mais amplas que muitos livros-texto são obrigados, por sua própria natureza, a deixar de lado. Por exemplo, qual é a lógica subjacente da lógica qualitativa? E quais são os debates fundamentais sobre seus rumos futuros? Este livro estabelece uma resposta assumidamente parcializada para semelhantes perguntas.

Empregado

Agora imagine que você tenha um emprego que requer uma atualização constante com as pesquisas em andamento na área. Se for assim, você precisará ter a capacidade de avaliar a credibilidade de qualquer constatação relevante. Imagine ainda que você tem a função de encomendar pesquisas. Aí você irá querer saber quais tipos de estudos (quantitativos, qualitativos ou multimétodos) são apropriados, e quais tipos de métodos e análises de dados poderão proporcionar os resultados que está buscando. Uma vez mais, você terá de avançar além dos horizontes limitados de um livro-texto padronizado.

Cidadãos

Por fim, somos todos cidadãos. Em um grau maior ou menor, acompanhamos os noticiários e estamos sempre pretendendo tomar posição com bases sólidas em todos os debates disso decorrentes. Com seu foco na maneira pela qual a interação das pessoas consegue formatar fenômenos tão diversos quanto organizações e famílias, a pesquisa qualitativa proporciona a você seu entendimento de marca registrada da vida diária. Como veremos nos Capítulos 1 e 4, ao tornar situações triviais dignas de nota, a pesquisa qualitativa pode colocar sob contestação formas consagradas de comportamento e com isso abrir o caminho para novas perspectivas. Como cidadãos atuantes, esse é o tipo de informação de que precisamos.

Essas são algumas das identidades pelas quais você pode transitar. Mas, e quanto à(s) minha(s) identidade(s)? Como foi que elas moldaram aquilo que aparecerá nas páginas a seguir?

Introdução: Abrindo um Espaço para este Livro

▪ **Por que os métodos de pesquisa são importantes para mim**

Esta seção envolve um curto relato autobiográfico. Como tantas outras pessoas, tropecei na matéria de meu primeiro diploma. Como havia estudado economia, acreditava ter potencial para uma carreira como administrador ou acadêmico, por isso me decidi por uma graduação em economia.

Minha primeira entrevista de seleção foi um fracasso total, em parte pelo fato de não ter me preparado adequadamente para ela. Ao responder por que pretendia estudar economia na Universidade de Nottingham, tudo que me ocorreu foi dizer: "Porque meu melhor amigo já está matriculado no curso!".

A rejeição imediata do argumento levou-me a replanejar a estratégia. Antes da segunda entrevista, segui a sugestão da revista *The Economist* e li o livro *A Sociedade Afluente*, de J. K. Galbraith. Meus comentários sobre a obra aparentemente causaram boa impressão nos entrevistadores, e acabei sendo aceito para um bacharelado em Economia na London School of Economics (LSE), com Indústria e Comércio como especializações preferenciais.

Se eu tivesse seguido o rumo então pretendido, poderia ter construído uma carreira na indústria ou no serviço público britânico. Mas o destino interveio. Farto do ensino rotineiro que caracterizava minha escola local de segundo grau, convenci meus pais a me mandarem para um colégio particular nos últimos seis meses dos estudos pré-universitários. Nesse colégio, um de meus professores havia se graduado em sociologia pela LSE. O ensino ali era quase individualizado, e fui facilmente influenciado. Praticamente da noite para o dia, descobri a sociologia e o trabalho de Karl Marx. Felizmente, o bacharelado em economia da LSE era uma disciplina relativamente flexível, e assim tive condições de trocar minhas matérias especiais.

Na década de 1960, a sociologia na LSE era dominada por quatro figuras: Tom Bottomore, Donald MacRae, David Glass e Robert McKenzie. Com Bottomore e MacRae, aprendi que as questões que acabavam adquirindo importância na sociologia britânica surgiam em debates originados na teoria social do século XIX no trabalho de Marx, Durkheim e Weber. Mais ainda, embora Glass e McKenzie fossem pesquisadores além de teóricos, a pesquisa que eles incentivavam era principalmente quantitativa (demografia e/ou pesquisa estatística). Na verdade, o único curso de métodos de pesquisa na LSE tinha a ver com estatística – e era ministrado com muito senso de humor por Claus Moser. Mesmo o curso avançado de métodos que fiz posteriormente na Universidade da Califórnia/Los Angeles (UCLA), para meu mestrado em sociologia, baseou-se principalmente no *design* da pesquisa quantitativa. Bastou um seminário de graduação com Mel Dalton, autor de um excelente trabalho de pesquisa sobre administradores e sua influência (Dalton, 1959), para dar-me um indício daquilo que poderia ser ganho com trabalho mais etnográfico.

Ao retornar da UCLA para o Reino Unido, comecei minha carreira de pesquisador com um estudo das crenças e valores de funcionários de "colarinho branco" iniciantes. Sob a influência das teorias sociológicas de classe e estado social derivadas de Max Weber, eu pretendia descobrir se a maneira pela qual cada indivíduo se percebe era influenciada pelo local de trabalho e pelas perspectivas de futuro nesse setor.

Utilizei um esquema de entrevistas estruturadas e minha metodologia era baseada nos formulários padronizados da pesquisa quantitativa: uma hipótese inicial, uma tabela dois-por-dois e testes estatísticos (ver Silverman, 1968). Se eu tivesse completado esse estudo, meu futuro profissional poderia ter tomado um rumo inteiramente diferente.

Contudo, comecei a nutrir dúvidas paralisantes a respeito da credibilidade de minha pesquisa. Embora pudesse manipular meus dados de maneira a produzir um teste aparentemente rigoroso de minhas hipóteses, esses dados mal poderiam ser considerados "brutos", porquanto influenciados e infectados por vários tipos de atividades interpretativas. Nada extraí deles durante a administração do esquema de entrevistas.

Foi quando senti a necessidade de ir além de minhas perguntas em várias e imprevistas formas, de maneira a poder conseguir o tipo de respostas que pretendia. Quem sabe, pensei, tivesse deixado de pré-testar adequadamente as questões apresentadas. Só muito mais tarde aprendi que a capacidade de conversar com sentido depende necessariamente de capacidades diuturnas de conversação que não podem ser reduzidas a técnicas confiáveis (ver Rapley, 2004).

De qualquer forma, abandonei esse estudo e me dediquei à teoria organizacional, em um trabalho que viria a ser tanto meu PhD quanto um livro-texto de sucesso (Silverman, 1970). A abordagem que usei foi influenciada por um discípulo de Weber de meados do século XX, Alfred Schutz. A fenomenologia do mundo rotineiro de Schutz preocupa-se com as estruturas da vida diária. Isso representou um atalho natural quando, em 1971-72, fui apresentado ao estudo dos métodos que todos usamos na vida diária (etnometodologia) por Aaron Cicourel, então professor visitante no Goldsmiths'. Como resultado, isso levou a um livro (Filmer et al., 1972) que por algum tempo teve fama por ser um dos primeiros textos britânicos partidários da etnometodologia.

Depois de um período de imersão na teoria organizacional e na filosofia, em meados da década de 1980 eu já havia evoluído para a etnografia de inspiração etnometodológica e, depois, para a análise da conversação. Passei a década seguinte explorando os usos de duas teorias contemporâneas de ciências sociais. Uma etnografia do departamento de pessoal de uma organização do serviço público (Silverman e Jones, 1976) teve forte influência da etnometodologia de Harold Garfinkel (1967). E uma análise de textos literários (Silverman e Torode, 1980) derivou da semiótica (1974) de Ferdinand de Saussure (ver Capítulo 3). Esses estudos confirmaram minha crença no valor da pesquisa teoricamente embasada – uma convicção reafirmada ao longo do presente texto.

No entanto, princípios norteadores tendem a ter dupla face. Assim, embora devamos assegurar seus benefícios, é igualmente necessário manter-nos em guarda a respeito de seus possíveis custos. Reexaminando esse trabalho original, hoje entendo que foi um tanto pesado em teoria. Pode ter ocorrido que, de tão entusiasmado com uma teoria recém-descoberta, eu não tenha me permitido ser suficientemente desafiado, ou mesmo surpreendido, por meus dados.

Semelhante excesso de teorização é um risco onipresente, uma vez que muitas ciências sociais ainda, acredito, conservam o medo de serem descobertas, como o rei da fábula famosa, completamente sem roupas (uma recente e valiosa exceção está contida em um ótimo texto de Kendall e Wickham, de 1999, sobre os usos práticos em pesquisa das ideias de Foucault). É por isso que o chamado período "pós-moderno" das teorias etnográficas experimentais leva chumbo grosso no Capítulo 5 deste livro.

Em minha pesquisa mais recente, tentei encontrar um melhor equilíbrio entre a "cadeira de balanço" da teoria e o "campo" do empirismo. Tanto em uma etnografia de clínicas hospitalares (Silverman, 1987) quanto em um estudo analítico da conversação de aconselhamento sobre o teste anti-HIV (Silverman, 1997), adotei uma abordagem mais cautelosa de meus dados, estabelecendo indutivamente hipóteses, usando o método comparativo e identificando casos de desvios. Em ambos os estudos, ao contrário do que ocorria em meu trabalho mais primitivo, explorei modos de tornar minha pesquisa relevante para um público mais amplo, não-acadêmico, de uma forma não condescendente (ver Capítulo 4).

Esses últimos estudos, no entanto, também derivaram de duas suposições metodológicas relacionadas, presentes em meu estudo de 1976 do departamento de pessoal de setor público. Os três estudos basearam-se não em entrevistas, mas em dados de ocorrência natural (ver Capítulo 2). E todos examinaram a maneira pela qual os participantes falavam uns com os outros e focavam as habilidades por eles utilizadas e as funções locais daquilo que faziam.

Para resumir: métodos de pesquisa são importantes para mim porque minhas tentativas de fazer pesquisa social de valor colocaram-me frente a frente com questões de princípios que abrangem tanto questões metodológicas quanto teóricas. Este livro tem sua base nas lições que a pesquisa prática me proporcionou até hoje. Ele coloca em destaque diversas posições que são implícitas em meus livros-texto: uma exigência de que a pesquisa qualitativa seja metodologicamente inventiva, teoricamente viva e empiricamente rigorosa.

Isso irá proporcionar-lhes alguma ideia sobre "de onde eu venho". No entanto, esta seção não estaria completa sem uma nota autobiográfica mais detalhada. Os três primeiros capítulos deste livro fazem considerável uso dos *insights* do sociólogo norte-americano Harvey Sacks. Sacks dificilmente figura na maioria dos cursos contemporâneos sobre teoria social ou metodologia qualitativa. E se é assim, por que introduzi-lo aqui?

Em setembro de 1964, depois de minha primeira graduação na London School of Economics, matriculei-me no curso de doutorado e fui ao mesmo tempo professor assistente no Departamento de Sociologia da Universidade da Califórnia/Los Angeles. Por acaso, isso coincidiu com o primeiro período de conferências de Harvey Sacks nesse mesmo departamento.

Isso poderia ter proporcionado um rumo inteiramente novo ao meu pensamento. Infelizmente, como quase todos naquela época, eu nunca havia ouvido falar em Sacks ou em suas ideias. Mais ainda, dado meu currículo de envolvimento com a sociologia teórica do século XIX, então em voga no Reino Unido, eu provavelmente nem teria me interessado por essas ideias.

Em junho de 1972, encontrei Sacks na famosa Conferência de Edinburgo sobre Etnometodologia e Interacionismo Simbólico. Recordo ainda da originalidade daquilo que Sacks tinha a dizer (sua aula sobre sonhos naquela conferência não é muito diferente de seus ensaios publicados [1992 (2): 512-520]). Também lembro de meu ex-tutor na LSE, Ernest Gellner, abandonando ruidosamente a sala em sinal de desgosto durante a fala de Sacks. Isso culminou em um ensaio (Gellner, 1975) que um colega de Sacks, Emmanuel Schegloff, com propriedade crítica por ser "intelectualmente evasivo" (Sacks, 1992b: x, nota de rodapé 2).

Meu contato com o trabalho de Sacks foi aprofundado pela leitura das versões fotocopiadas de suas conferências que circularam no começo da década de 1970. A inspiração de Sacks permitiu-me fazer o círculo completo e conectar meus primitivos interesses teóricos com a pesquisa prática. Isso porque Sacks reabre um debate entre a etnografia e o teórico social Emile Durkheim, do século XIX (ver também Gubrium: 1988). Como um exemplo disso, você pode tentar adivinhar o autor da observação a seguir: "As crenças populares têm *status* honorífico mas não são o mesmo objeto intelectual que uma análise científica".

Se pensou em Emile Durkheim, você errou – mas também acertou, uma vez que a observação poderia ser vista como sendo fiel ao *dictum* de Durkheim de tratar "fatos sociais" como "coisas". O autor da afirmação anterior é o antropólogo (e colega de Sacks) Michael Moerman (1974: 55).

Ao contrário de Durkheim, os etnógrafos podem extrair de Sacks uma preocupação com o entendimento do "*apparatus*" através do qual as descrições dos membros são adequadamente (isto é, localmente) produzidas. E essa mensagem tem sido levada em consideração por sociólogos da etnografia que, como Gubrium (1988), são centralmente preocupados com o processo descritivo.

Em uma série de etnografias, Gubrium demonstrou como, em ambientes locais, as descrições são cooperativamente montadas. Por exemplo: em um grupo de apoio a pacientes com Alzheimer, uma cuidadora pode ser variadamente descrita como uma esposa exemplarmente devotada ou como uma "segunda vítima" que mostrou os péssimos efeitos do "excesso de devoção" (Gubrium, 1988: 100-101). Em um centro de tratamento para crianças com distúrbios emocionais, "perturbação" tendia a ser enquadrada como um problema "terapêutico" durante o turno do dia e como um problema de "gestão de paciente" à noite (1988: 103-106). Finalmente, em um hospital de reabilitação física, "progresso" era definido em termos "educacionais" a pacientes aos quais se dizia que só poderiam melhorar em função de seus próprios esforços. Contudo, para as companhias de seguros que estavam pagando a conta desses pacientes, o progresso era relacionado com intervenções médicas. Já para as famílias dos pacientes desse hospital, progresso bem-sucedido era relacionado com intervenções médicas; falta de progresso, com a ausência de motivação do paciente (p. 107).

Embora o trabalho de Gubrium seja claramente *nada* de análise de conversação, ele escreve etnografias preocupadas com a maneira pela qual as descrições são concretizadas localmente. Reconhecendo sua dívida com Sacks, Gubrium mostra como os participantes usam o tempo, espaço e plateias para produzir relatos "sensíveis".

Se alguma coisa pode ser dita em favor da influência de Sacks sobre (alguma) etnografia, é à primeira vista praticamente impossível fazer o mesmo em relação à psicologia. Afinal, a análise de Sacks da organização sequencial da conversação revela claramente as inadequações de qualquer tentativa de analista no sentido de tratar qualquer discurso como uma expressão dos pensamentos de uma pessoa ou, na verdade, de quaisquer outras categorias aparentemente "psicológicas" desta.

Contrastando com isso, ao ouvir como aquilo que recém disseram é ouvido, os oradores descobrem aquilo que quiseram dizer *depois de terem falado* (para exemplos a respeito, extraídos a partir de entrevistas de aconselhamento sobre AIDS, ver Silverman, 1997: 78-84 e 100-106). As implicações críticas disso para qualquer psicologia de, digamos, "motivo" são efetivamente destacadas por Heritage (1974: 278-279), que revela as inadequações de qualquer psicologia social que tacitamente trate o senso comum ao mesmo tempo como um recurso e como um tópico.

Mais recentemente, Derek Edwards, ainda que reiterando a crítica de Heritage, manifestou-se em prol de uma psicologia capaz de "seguir Sacks e examinar a maneira pela qual as pessoas usam as categorias interativamente" (1995: 582). Aceitando que "conversa é ação, e não comunicação", Edwards batalha por uma psicologia que extraia de Sacks e CA a suposição de que "nenhum nível audível de detalhe que possa não ser significativo, ou tratado como significativo por participantes da conversação" (Edwards, 1995: 580).

A direção pela qual Edwards pretende conduzir a psicologia leva claramente para aquilo que já foi chamado de Análise do Discurso, ou AD (ver Potter, 2004). Autores que utilizam o termo AD tiveram indubitavelmente sucesso ao mostrar o legado improvável que Sacks deu à psicologia. De uma maneira menos óbvia, a influência contemporânea de Sacks também vai além da análise da conversação e penetra na etnografia, esteja ela localizada nos departamentos de Antropologia, Sociologia ou mesmo Educação (ver Baker, 2004, e Freebody, 2003).

Apesar de sua generalizada influência, acredito que o trabalho de Harvey Sacks encontre-se quase que completamente esquecido pelos cursos de ciência social contemporânea. Em parte, sem dúvida, isso reflete a indisponibilidade de suas conferências em forma impressa até 1992. No entanto, creio que isso também seja um reflexo ou de pura e simples ignorância na comunidade acadêmica ou de um preconceito declarado contra "outro daqueles etnos".

Talvez uma forma de tornar o ensino de Sacks mais convidativo às ciências sociais seja sugerir que ele possa constituir uma forma de injetar mais vida em determinados cursos já à beira do esgotamento. Pessoalmente, eu nunca quis dar cursos de teoria social, que, pela minha ótica preconceituosa, entendo que muitas vezes contêm sínteses vazias, críticas enfadonhas e apenas as últimas modas em matéria de jargão supostamente científico. Sem falar na passividade dos consumidores de semelhantes cursos.

Por isso, pode ser extremamente revigorante introduzir nesses cursos alguns dos exemplos de Sacks, como o do bebê que chorou e o do piloto no Vietnã (Silverman, 2006:181-194). Falar com os alunos por meio desses exemplos precisa certamente configurar um pouco da vivacidade da teoria social e de seu potencial para lidar com o mundo que cerca essas pessoas. De maneira ainda mais óbvia, é difícil ver de que forma um curso sobre metodologia de pesquisa não iria ser beneficiado com a utilização de material extraído de Sacks. Nesse sentido, eu exigiria que os textos de Sacks passassem a constituir a leitura *básica* das aulas de introdução em teoria social e método.

Como ainda veremos, Sacks recomendou seu método como um método que qualquer pessoa poderia usar. Em tal sentido, suas conferências e outros textos oferecem uma caixa de ferramentas, em vez de uma urna a ser exposta em um museu. É essa caixa de ferramentas que eu espero poder tornar mais amplamente conhecida. Como meu livro sobre Sacks (Silverman, 1998), este trabalho tenta atingir um público mais diversificado de intelectuais e estudantes, particularmente aqueles que jamais leram Sacks, quem sabe em consequência de terem sido levados a crer que se tratava apenas de "mais um daqueles etnos".

Para esse público, pretendo mostrar que não existe sectarismo nem obscurantismo no trabalho de Sacks. Em vez disso, nele estão presentes abertura e rigorismo intelectuais. O fato de seguirmos ou deixarmos de seguir a trilha que Sacks delineia talvez seja menos importante do que definir se respondemos às questões que ele introduz a respeito das ciências sociais. Depois de mais de 30 anos, acredito, elas continuam sendo mais vitalmente importantes e permanecem em grande parte sem respostas.

Como somente Wittgenstein antes dele (ver Capítulo 1) e provavelmente ninguém mais desde então, Sacks teve a capacidade de transformar o aparentemente trivial em algo revigorante e pleno de sentido. Como acontece em relação a outros importantes pensadores, mantemos o trabalho de Sacks vital ao tratá-lo como uma inspiração ou, de maneira mais prosaica, como uma caixa de ferramentas. Na verdade, os primeiros três capítulos deste livro certamente conseguirão atingir bem mais do que cumprir seu objetivo se você se sentir suficientemente estimulado para recorrer aos trabalhos de Sacks a fim de localizar e avaliar, de acordo com seu entendimento, o legado que ele deixou.

No entanto, devo lembrar que este não é um livro sobre Havey Sacks ou sobre a análise conversacional. Qual é mesmo, então, o objetivo deste trabalho?

A organização deste livro

Tendo proporcionado alguma espécie de contexto sobre o que estou fazendo aqui, é chegada a hora de botar as cartas na mesa e oferecer a você uma breve sinopse, capítulo a capítulo, do que vem a seguir. A discussão tem sido interminável sobre se as habilidades/capacidades indispensáveis para fazer boa pesquisa qualitativa podem ser ensinadas diretamente, ou se só é possível adquiri-las mediante um prolongado aprendizado (Hammersley, 2004). Este livro é uma tentativa de investir, com garantias, minhas apostas nesse debate. Se meus primeiros livros-texto indicaram que o ensino direto era suficiente (desde que ajudado por exercícios realmente desafiadores), o atual volume pretende reunir algumas das estratégias e "truques" (ver Becker, 1998) que fui aprendendo ao longo da vida.

Como já destaquei, a pesquisa de nada serve, a menos que reconheça suas suposições teóricas. Assim, o primeiro capítulo deste livro mostra os tipos de questões embasadas em teorias que os pesquisadores qualitativos podem efetivamente apresentar. Usando fotografias e trechos de romances e peças teatrais, revela uma tradição na qual atividades aparentemente rotineiras podem ser transformadas em fatos interessantes e extraordinários exibidos como se tivessem feições corriqueiras.

Tendo definido quais os tipos de perguntas podemos fazer utilitariamente, os dois capítulos seguintes levam o leitor às perguntas essenciais sobre a prática da pesquisa qualitativa. É um truísmo dizer que métodos de coleta de dados só podem ser julgados em comparação com o tópico que está sendo pesquisado. Contudo, no Capítulo 2, procuro demonstrar por que, sendo todas as coisas iguais, normalmente faz sentido em pesquisa qualitativa começar pelos dados encontrados no cotidiano. Isso significa que aquilo que chamo de "dados manipulados" (p. ex., entrevistas e grupos de foco) deveria ser usado apenas como um último recurso – particularmente quando um "conserto rápido" é mais importante do que o conhecimento aprofundado de algum fenômeno.

Quaisquer que sejam os métodos de coleta de dados que venhamos a utilizar, o que importa é que sejamos menos preciosistas a respeito da imaculidade de nossos dados "próprios". Na verdade, a análise secundária de dados é um método muito importante, mesmo que normalmente não reconhecido como tal, em pesquisa qualitativa (ver Corti e Thompson, 2004; e Akerstrom et al., 2004). Acima de tudo, é a qualidade de nossa análise dos dados, em vez da fonte da qual se originam, que tem a importância maior no final do trabalho. Isso significa que o tempo despendido na coleta de dados e na revisão de literatura deveria ser consideravelmente *inferior* àquele dedicado a analisar os dados e a elaborar nossas conclusões (ver Silverman, 2005). O Capítulo 3 desenvolve uma estratégia que, em minha opinião, é fundamental para o sucesso em matéria de eficiência na análise de dados – evitar instâncias ou exemplos atraentes e buscar e analisar sequências nos seus dados.

Contudo, mesmo se você efetuar uma pesquisa inspirada em teoria com dados bem analisados, não faltará quem pergunte: "Mas, e daí?". Pesquisas "puras" são indubitavelmente importantes, mas não deveriam chegar a nos deixar cegos em relação à necessidade de pensar a respeito de qual contribuição nossa pesquisa poderia representar para a "sociedade" e, na verdade, inclusive o que entendemos por "sociedade". Felizmente, como demonstro no Capítulo 4, sempre que apropriadamente concebida, a pesquisa qualitativa tem uma contribuição exclusiva a fazer para nosso entendimento da maneira pela qual tudo funciona na sociedade, e de como isso pode ser mudado.

O Capítulo 5 oferece outra maneira de responder à pergunta "Mas, e daí?". Ele questiona a respeito das formas pelas quais a pesquisa qualitativa demanda atenção e prova ter algum valor. Ao contrário do que ocorre no Capítulo 4, eu me preocupo com o que a pesquisa qualitativa *é*, em vez de com o que ela *faz*. Analiso as proclamações que a pesquisa qualitativa faz a seu próprio respeito e constato que algumas delas são mal encaminhadas. Concluo com a proposição de uma justificativa estética alternativa para o nosso ramo que nos relembra daquilo que compartilhamos com nossos colegas quantitativos.

Uma última palavra precisa ser dita. Já destaquei que tudo o que vem a seguir reflete opiniões minhas. Embora não tenha me mostrado controvertido de propósito, aproveitei plenamente o convite de meu editor para expressar todos os meus entendimentos do tema em jogo. Por isso, o leitor não deve se surpreender caso alguns de meus argumentos não se enquadrarem perfeitamente com algo que tiver aprendido em outras obras, ou mesmo nos ensinamentos de seus professores. Ao longo de minha carreira acadêmica, nunca procurei convertidos, tendo sempre preferido incentivar aqueles alunos que ousam pensar por conta própria. Assim, se eu chegar a proporcionar uma pausa para reflexão, o leitor poderá estar certo de que não ficarei minimamente desapontado se, depois disso, ele assumir posições diametralmente contrárias às minhas.

1
Incontáveis Hábitos Inescrutáveis: Por que Fatos Triviais são Importantes

Como vemos o mundo à maneira de um cientista social? Quando você está estudando sua própria sociedade, grande parte daquilo que vê em seu entorno parece "óbvio", existindo como simples complemento trivial de sua vida. Por isso é que surge a tentação de dar tantas coisas como líquidas e certas. Essa tentação é apoiada pelas imagens constantemente mutantes que absorvemos dos filmes e noticiários de TV.

Um método usado pelos antropólogos pode ajudar-nos a desacelerar e examinar o que existe em nosso entorno com maior atenção. Ao estudar situações e eventos familiares, podemos tentar um salto mental e supor que estamos observando o comportamento e as convicções e crenças de uma tribo desconhecida. O choque de ver o mundo como "antropologicamente estranho" pode ajudar-nos a tomar pé na situação, outra vez.

Não se trata de qualquer estratégia recém-descoberta. Na década de 1930, alguns antropólogos britânicos inventaram um método inovador de estudo da vida diária. Em vez de confiar em suas próprias observações ou de desenvolver uma pesquisa quantitativa social, recrutaram 50 voluntários colocando um anúncio em jornal. Esses voluntários teriam de apresentar:

- breve relato sobre "quem sou" e "o que faço"
- descrição de seu ambiente
- relação de objetos existentes sobre seus mantéis (i.e., acima de suas lareiras)
- pesquisa diária contendo um relatório de tudo que viram e ouviram no 12º dia do mês.

Essa forma de pesquisa tornou-se conhecida como Observação em Massa. Um jornal da época assim relatou o sucesso de seu primeiro projeto:

> Seis meses depois da primeira reunião, a Observação em Massa conseguiu organizar uma pesquisa nacional da Grã-Bretanha sobre o Dia da Coroação. Uma equipe de 15 pessoas relatou sobre a procissão, enquanto que de cidades e aldeias das províncias chegaram relatos sobre as celebrações locais. A partir dessas "observações em massa", foi compilado o primeiro livro completo a respeito. (*The Manchester Guardian*, 14 de setembro de 1937)

Oportunamente, a Observação em Massa chegou a ter 1.500 observadores ativos, enviando pesquisas diárias. A seguir, um extrato da descrição de um trabalhador de uma mina de carvão a respeito de seu dia, conforme o mesmo jornal:

> Por volta das 12h30min recebemos uma visita do chefão (i.e., supervisor). Ele comandou um exame do local: compreende cerca de 50 jardas de parede de carvão. Meus olhos acompanham aquilo que faz brilhar seus olhos de tigre. Ele pergunta o que eu pretendo fazer com este lugar, ou sobre o que é necessário ter mais adiante. Entro em divergência com ele a respeito de um ponto, e deixo claro meu método. Discutimos durante algum tempo, ele a partir de uma partida na ventilação. Finalmente concordamos, e, com um último "faça isto", "faça aquilo, e aquilo, e mais aquilo!", ele vai embora. Estamos usando um par de botas, meiões e um par de cuecões, pouco acima das canelas. O suor rola por nossos corpos, os cuecões estão molhados, sobre o tempo não sabemos coisa alguma. Se continuarmos como estamos agora, teremos um bom turno. Meus seis *pints* de água estão diminuindo, melhor ir com mais calma.

Vale a pena concentrar-se no grau de detalhamento das observações desse mineiro de carvão, homem extremamente simples. É inegável que assistir várias vezes a um vídeo dele trabalhando com seus colegas revelaria detalhes mais finos. Mas, mesmo assim, seu relato proporciona excelentes dados observacionais que estimulam novas questões merecedoras de uma investigação. Por exemplo, o que é que dá forma a seu sentimento sobre um "bom turno"? A equipe é paga conforme os resultados, ou ele simplesmente está preocupado em concretizar sua tarefa da melhor forma ou em bom estado de espírito?

Sigamos adiante com outros casos. No restante deste capítulo, usarei o termo técnico "etnografia" em vez de "observação" para descrever aquilo que os pesquisadores qualitativos fazem. Não há motivo para pânico nisso. A etnografia simplesmente junta duas palavras diferentes: "etno" significa "gente", "pessoas", enquanto "graf" deriva de "escrita". Etnografia, portanto, se refere a palavras altamente descritivas sobre determinados grupos de pessoas.

Naquilo que virá a seguir, tentarei encontrar inspiração para o etnógrafo no trabalho de escritores e de dois fotógrafos. Farei então o retorno ao brilhante (e lamentavelmente mal aproveitado) programa para etnografia que o sociólogo americano Harvey Sacks definiu em suas conferências na Universidade da Califórnia cerca de 40 anos atrás.

Observando fotografias

Por que incluir fotografias em um capítulo sobre etnografia? Uma boa resposta é a contida no seguinte extrato de uma exposição do trabalho de um fotógrafo:

> Diane Arbus era comprometida com a fotografia como um meio que lida com os fatos. Sua devoção a seus princípios – sem deferência alguma a qualquer agenda estranha social, política ou mesmo pessoal – teve como resultado um corpo de trabalho que é seguidamente chocante em sua pureza, em seu rude compromisso com a celebração das coisas da maneira como elas são. (Arbus, 2005:67)

Como a fotografia de Arbus, acredito que a etnografia não poderia ter objetivo melhor senão o de "lidar com os fatos... sem deferência a qualquer agenda estranha social, política ou mesmo pessoal". Em nossos dias, essa visão é contestada por aqueles que pretendem sempre implementar suas próprias agendas políticas e pessoais, e questionam se alguma vez poderia mesmo existir coisa tão irrelevante para eles como "fatos". No Capítulo

5, debaterei esses argumentos e demonstrarei o motivo que me faz acreditar que estejam equivocados.

Como pretendo demonstrar neste capítulo, a boa etnografia, como o trabalho de Arbus, é "seguidamente chocante em sua pureza, em seu rude compromisso com a celebração das coisas da maneira como elas são". Seguindo essa linha, em um ensaio escolar escrito quando tinha 16 anos, Arbus definiu: "Vejo a divindade nas coisas comuns". O que implica o fato de ver coisas comuns como "divinas"?

Em 1963, em um teste de admissão bem-sucedido para uma Guggenheim Fellowship, Arbus escreveu esta breve nota a respeito de seus interesses, intitulada "Ritos, estilos e costumes americanos". Esta foi a inspiração para o título do presente capítulo:

> Pretendo fotografar as cerimônias dignas de consideração de nosso presente porque tendemos, pelo fato de viver aqui e agora, a perceber apenas aquilo que é casual e improdutivo e disforme a respeito dele. Ainda que lamentemos que o presente não seja como o passado, ansiamos que possa tornar-se o futuro, e seus incontáveis hábitos inescrutáveis ficam à espera da descoberta de seu sentido. Eu quero juntá-los todos como se fosse a avó de alguém guardando suas recordações porque são lindas. (Arbus, 2005:57)

Arbus notou que normalmente percebemos o mundo que nos cerca como, entre outras definições, "casual e disforme". Por volta da mesma época, o filósofo social austríaco Alfred Schutz escrevia que o cotidiano é necessariamente algo que se tem como garantido, imutável. Deixar hábitos como esses de lado é o fundamento para a imaginação etnográfica.

O que existe em tratar nossos "incontáveis hábitos inescrutáveis" como "recordações da avó", que são objetos "lindos"? Como o bom etnógrafo, Arbus pretende que consigamos ver *o notável no trivial*.

Permitam-se ilustrar este ponto com uma das fotografias dela (eu terei de descrever essa fotografia para vocês, pois não obtive permissão para reproduzi-la aqui. Havendo interesse, ela pode ser encontrada no catálogo da exposição *Revelations*, mencionada anteriormente [Arbus, 2005]). A fotografia tem a legenda "Uma família em seu gramado em um domingo em Westchester, NY, 1968". A foto mostra um casal descansando em espreguiçadeiras, ao sol do verão, enquanto seu filho brinca atrás deles. Em certo sentido, não poderia haver um cenário mais mundano que esse. Contudo, da mesma forma que com todas as imagens de Arbus, somos convidados a fazer uma elaboração de muitas narrativas a partir daquilo que está presente nessa imagem. Tendo a fotografia diante de si, você poderia perguntar: por que eles não estão conversando nem parecem olhar uns para os outros diretamente? Cada um parece absorvido em si mesmo. Será que o homem está mesmo protegendo os olhos do sol, ou será que está demonstrando desespero ou tão-somente que não está disponível para qualquer comunicação?

Não é preciso dar um tom psicológico a nossa interpretação nem elaborar uma narrativa fechada. Arbus também nos convida a fazer a pergunta básica da etnografia: até que ponto a rotina familiar depende de silêncios como o que aparece na foto? Implicitamente, ela lembra aos etnógrafos que esse tipo de pergunta só é possível a partir da observação, e por isso dificilmente poderia ser gerado por entrevistas com os membros da família.

Sendo assim, como é realmente a vida familiar? A fotógrafa israelense Michal Chelbin é um bom guia nesse sentido. Como Arbus, a quem faz referência, seu objetivo é lembrar-nos daquilo que é admirável no mundo comum. Como ela mesma define:

> Sou atraída à fantasia e a elementos fantásticos em cenários reais. Muitos apreciadores me dizem que o mundo descoberto em minhas imagens é estranho. Se eles o consideram estranho, isso na verdade ocorre porque o mundo é mesmo um lugar estranho. Eu só tento mostrar isso. (Michal Chelbin, declaração da artista, www.michalchelbin.com/chelbin.htm)

Um caso para discussão é proporcionado por uma foto de Chelbin intitulada "Alícia, Ucrânia, 2005".

Alícia nos encara do banco traseiro de um carro. Seu olhar é ambíguo. Será uma criança pedindo ajuda ou uma jovem adulta estabelecendo sua independência tanto em relação a nós quanto em relação ao motorista? O homem no banco dianteiro é seu pai ou simplesmente um motorista de táxi?

Em um comentário na Internet sobre questões como essas em 2006, Eve Wood sugere uma resposta:

> Revelada no rosto da jovem aparece a soberba da juventude, mascarando uma consciência profunda, mais complexa, das dificuldades de ser tão jovem e tão linda. A jovem parece saber alguma coisa que nós não sabemos, e, se fôssemos descobrir seu segredo, ela poderia desfazer-se. (www.nyartsmagazine.com/index)

Essa fotografia realmente mostra, como Wood sugere, "a soberba da juventude" e uma jovem que tem consciência de "ser tão jovem e linda"? A própria Chelbin nos adverte dos riscos de tentar elaborar um constructo definitivo pelo relato de suas imagens. Como ela situa: "Em meu trabalho, procuro criar uma cena ali onde existe um misto de informação direta e de enigmas". (www.nyartsmagazine.com/index)

Figura 1.1 Alícia, Ucrânia, 2005.

Até que ponto deveria o etnógrafo tentar desvendar tais enigmas? Em uma de suas palestras, Harvey Sacks (1992a e b) apresenta uma projeção em que se vê um carro surgindo nas proximidades. Uma porta se abre e uma mulher jovem desembarca e dá alguns passos. Outras duas pessoas (um homem e uma mulher) também saem. Eles correm atrás da mulher jovem, agarram seus braços e a levam de volta para dentro do carro, que em seguida arranca e desaparece de cena.

Existem claramente várias interpretações diferentes para o que pode ter acontecido. Seria um sequestro que você deveria denunciar à polícia? Ou seria apenas uma briga em família, em cujo caso recorrer à polícia poderia acabar causando complicações para você?

Sacks discorre a respeito dos problemas que isso cria para o etnógrafo:

> Suponha que você é um antropólogo ou sociólogo parado em determinado lugar. Você vê alguém fazer alguma coisa, e sabe que aquilo representa alguma atividade. Como você deve se situar a respeito da formulação sobre quem fez o que, tendo em vista os objetivos de seu relatório? Será possível usar pelo menos aquilo que você tenderia a considerar a formulação mais conservadora – seu nome? Sabendo, naturalmente, que qualquer categoria que escolher teria esse(s) tipo(s) de problema(s): de que forma selecionaria uma determinada categoria do conjunto que pudesse de forma igualmente certa caracterizar ou identificar aquela pessoa? (Sacks, 1992a: 467-468)

Sacks mostra como ninguém pode resolver tais problemas simplesmente "fazendo as melhores anotações possíveis na hora e tomando as decisões a respeito mais tarde" (1992[1]: 468). Tudo que observamos é impregnado pelas suposições e categorias corriqueiras (p.ex., sequestrador, membro da família). Em vez de preguiçosamente empregar tais categorias, Sacks nos conta que a tarefa do etnógrafo é detectar quais são as categorias que os leigos usam e quando e como eles fazem uso delas.

Isso desperta uma questão crucial. A fim de reunir informações sobre o uso de categorias pelos leigos, teremos necessariamente de penetrar em seus pensamentos, por exemplo, mediante entrevistas com eles? Este é um importante tópico que virá à luz no Capítulo 2. No presente estágio, prefiro simplesmente sugerir que podemos muitas vezes encontrar evidências de utilização de categorizações sem precisar para tanto interrogar as pessoas envolvidas. Pense a respeito dos termos utilizados pelo mineiro de carvão da Observação em Massa para descrever seu dia de trabalho. Ou então analise a rica textura dos relatórios policiais sobre sequestros e/ou disputas familiares, ou sobre como os policiais interrogam testemunhas e suspeitos. Semelhante material constitui elemento fascinante sobre como na vida real, *in situ*, as pessoas colaborativamente dão sentido a seus mundos.

O fora do comum no trivial

Examinar o mundo trivial muito de perto pode gerar monotonia. Em geral entendemos que nada acontece e preferimos alguma "ação". Se quisermos ser bons etnógrafos, o truque é contornar essa monotonia, de tal forma que comecemos a ver coisas fora do comum em cenários triviais.

As primeiras peças de Harold Pinter deixaram em muita gente uma impressão de monotonia nesse sentido. Por exemplo, a cena de abertura de sua peça *Festa de Aniversário* (*The Birthday Party*). Estamos no *living* de uma casa em uma cidade litorânea. Petey entra com um jornal e senta-se à mesa. Começa a ler. A voz de Meg chega pela abertura para a cozinha, assim:

Meg: É você, Petey?
[*Pausa*]
      Petey, é você?
[*Pausa*]
      Petey?
Petey: O que é?
Meg: É você?
Petey: Sim, sou eu.
Meg: O quê? [*O rosto dela aparece na abertura*] Você voltou?
Petey: Sim.
(Pinter, 1976: 19)

"Onde é que existe alguma ação nisso?", poderíamos perfeitamente perguntar, em função também de grande parte do primeiro ato ser composta de diálogos do dia a dia semelhantes ao anteriormente citado. Em vez de lançar-nos em eventos dramáticos, Pinter escreve um diálogo muito mais próximo da vida diária. Pelo fato de suas expectativas de "ação" serem desapontadas, há muita gente que considera o primeiro ato de *Festa de Aniversário* incompreensível ou de pura monotonia.

Lembremos, no entanto, da exposição, por Arbus, da família silenciosa, ou da fotografia, por Chelbin, de uma jovem silenciosamente olhando para nós. Em nossas casas, não acontece de o pai ou a mãe às vezes parecerem obcecados com os próprios projetos, por isso ignorando tudo que os outros estão dizendo? Quem sabe Pinter, como Arbus, não estaria apontando para o importante papel que a falta de atenção mútua desempenha na vida da família?

Mais ainda, esta não é simplesmente uma questão psicológica a respeito das dinâmicas familiares. A cena de abertura de Pinter revela algo básico para todas as interações entre famílias e outros tipos. Nós todos tacitamente entendemos que precisamos captar a atenção de alguém antes que nos seja possível montar uma discussão, uma conversa. Como o próprio Sacks destacou, isso é ainda mais óbvio para crianças que podem lutar para conquistar a atenção do pai ou da mãe, e por isso aprendem não a dar início a uma conversa, mas quase sempre a começar com:

"Manhêêê!".

Ou simplesmente:

"Sabe duma coisa, manheee!"

No mesmo sentido, no diálogo de Pinter, Meg trabalha para atrair a atenção de Petey, que parece obcecado com a leitura do jornal.

No entanto, entender a vida trivial vai muito além de prestar grande atenção à maneira pela qual as pessoas falam umas com as outras. Requer, igualmente, observação de detalhes sutis. Prestemos atenção a um trecho do romance *Moon Palace*, de Paul Auster. Trata-se do ponto de vista de um estudante que foi contratado como acompanhante por um homem cego, chamado Effing.

> No momento em que saíamos para a rua, Effing começava a sacudir sua bengala no ar, perguntando em voz alta qual o objeto para o qual estava apontando. Logo que eu lhe respondia, ele insistia que eu descrevesse o objeto para ele. Latas de lixo, janelas de lojas, portas de entrada: ele insistia que eu lhe fizesse um relato preciso dessas coisas, e quando eu não conseguia elaborar as frases com a rapidez suficiente para satisfazê-lo, ele explodia em fúria. "Pô, rapaz", ele diria, "usa esses olhos na sua cabeça! Eu não consigo ver coisa alguma, e você fica aí dizendo asneiras sobre 'o poste mais comum', ou 'perfeita tampa comum de saída de esgoto'. Não existem duas coisas exatamente iguais, seu tolo, qualquer caipira sabe disso. Eu quero enxergar aquilo que estamos vendo, maldição, eu quero que você faça com que as coisas apareçam para mim!" (Auster, 1990: 117)

Effing, o cego, entende toda a importância para as pessoas dotadas de visão de usar "os olhos na sua cabeça". Ele insiste que seu acompanhante, capaz de enxergar, descreva em detalhes as coisas comuns cuja existência considera óbvia.

Uma preocupação com o detalhe rotineiro é a marca registrada de outros grandes livros. Como destaca um resenhista da novela *Arlington Park*, de Rachel Cusk:

> Sua narrativa não deixa nada subentendido, dedicando-se por inteiro aos objetos e momentos mais corriqueiros – o ato de estacionar um automóvel, a aparência de um quarto desarrumado ou de uma butique elegante – com uma atenção tão detalhada que cada vez mais proporciona aquela alegria primal da litera-

tura: o sentido de coisas sendo vistas como novidades. (James Lansdun, *The Guardian*, 9 de setembro de 2006)

"Coisas sendo vistas como novidades" é igualmente a marca registrada da boa descrição etnográfica. Para fazer etnografia você não precisa gostar de ler romances como esse, mas que ajuda, isso é verdade. No mínimo, você precisará saber apreciar o valor (e, por fim, a beleza) dos detalhes refinados da existência corriqueira.

A etnografia, porém, não trata apenas de enxergar coisas notáveis em situações do dia-a-dia. Ela também nos pede para enxergar os elementos *triviais* de eventos e contextos *notáveis*.

O trivial no notável

Michal Chelbin descreveu da seguinte forma a maneira pela qual as pessoas veem suas fotografias:

> Muitos apreciadores relatam que o mundo descoberto em minhas imagens é estranho. Se eles o consideram estranho, isso na verdade ocorre porque o mundo é mesmo um lugar estranho. Eu só tento mostrar isso. (Michal Chelbin, declaração da artista, www.michalchelbin.com/chelbin.htm)

Recentemente, ela observou a vida de artistas de circo em vários países europeus. A fotografia de Mickey e Amir faz parte desse período. Mickey e Amir levam-nos claramente a um domínio muito diferente daquele da imagem anterior de Alfeła no automóvel. Embora seja geradora de muitas confusões, ela mostra uma cena realmente familiar. Mas um menino com um chimpanzé não tem nada de rotina, especialmente quando o chimpanzé está com o braço sobre seus ombros, parecendo, para o mundo inteiro, como um pai ou irmão humano.

Figura 1.2 Mickey e Amir, Rússia, 2004.

Eve Wood comenta que esta imagem é:

> Claramente excêntrica, da mesma forma que uma fotografia de Diane Arbus consegue captar um momento único de carinho... De fato, dentro de sua total excentricidade existe um porto seguro, à medida que o chimpanzé posa ao lado do menino como um amigo vaudevilliano. (Wood: 2006, comentário na Internet, www.nyartsmagazine.com/index)

Não importa se observamos que o menino e o chimpanzé posam como colegas de teatro ou membros da família, a verdade é que a fotografia de Chelbin lembra a qualquer observador que não precisamos focar puramente nos elementos não naturais em situações aparentemente extraordinárias. Talvez não devêssemos supor que chimpanzés sejam animais tão singulares. Ou talvez possamos entender-nos melhor observando de como interagimos com os animais.

Uma experiência que tive no Sudeste da Ásia muitos anos atrás ajuda a ilustrar essa afirmação. Eu havia conseguido desdobrar uma passagem aérea para Bali com as pessoas que haviam me convidado a palestrar em uma conferência na Austrália. Contra minhas próprias convicções, participei de uma excursão a um lugar alardeado como "uma aldeia onde os nativos vivem ainda hoje como centenas de anos atrás".

Na chegada ao local, descobri várias cabanas de palha que pareciam todas surpreendentemente novas. Nessas cabanas, artífices locais trabalham em vários objetos. Atraído pelo som de música indonésia – gamelana – procedente de uma dessas cabanas, acabei entrando ali. Claro, havia um homem de Bali fazendo instrumentos musicais. Surpreendentemente, tendo em vista sua jornada retroativa na história, ele usava um moderno sistema de som para conseguir os acordes das gamelanas. Ele ergueu o olhar, notou que eu seguia o ritmo da música ao mesmo tempo em que examinava atentamente sua cabana, e então falou, em um inglês perfeitamente compreensível: "Acho que você é um antropólogo!".

Esse episódio serviu para me recordar das limitações daquela forma de turismo que procura sempre encontrar alguma coisa nova, exótica e diferente. De certas formas, esse tipo de turismo para mercado mais poderoso é praticamente tão tacanho quanto aqueles turistas britânicos ou alemães mais convencionais que viajam à Espanha a fim de viver exatamente a mesma vida que em casa, com a diferença de que é ao calor do sol. Ao contrário deles, eu havia procurado alguma coisa totalmente diferente, e acabei descobrindo algo extremamente rotineiro – uma espécie de parque de diversões balinês. Mais ainda, em vez de ser apenas um objeto passivo de meu olhar admirado, aquele artífice balinês também olhou para mim e rapidamente descobriu meu verdadeiro interesse.

Como já ocorreu anteriormente, alguns exemplos literários irão ilustrar os elementos triviais que podemos encontrar em situações diferentes. A peça *Happy Days*, de Beckett, tem certamente um cenário dos mais bizarros. Dois personagens de meia-idade, Winnie e seu marido Willie, estão enterrados até o pescoço na areia em uma praia imensa, sem atrações, deserta. Quase todo o diálogo parte de Winnie.

Se observarmos e ouvirmos com cuidado, uma vez mais, poderemos notar elementos muito triviais emergindo desse cenário bizarro. Perto do ponto onde sua cabeça sai da areia, está a bolsa de Winnie. Nela encontramos aqueles artefatos rotineiros que a maioria das mulheres sempre carrega. Quando a noite cai, Winnie pega a bolsa e dela extrai um pente e uma escova de dentes e, como a maioria de nós antes da hora de dormir, escova os dentes e ajeita os cabelos. Antes disso, porém, vemos que, como ocorre com os casais de Arbus e Pinter, a comunicação artificial está na ordem do dia. Isso porque muitas das observações de Winnie são dirigidas a seu marido, que também se encontra enterrado na areia, um pouco afastado dela. Mas, da mesma forma que o Petey de Pinter, ele parece bastante aéreo e só vai dizer alguma coisa depois de várias tentativas da mulher de atraí-lo para a conversa.

Episódios extraordinários da vida real normalmente são feitos de aspectos triviais como esses. O autor Ford Madox Ford conta a história de um encontro entre os dois grandes homens da literatura do começo do século XX, Marcel Proust e James Joyce, em um jantar festivo no Hotel Majestic, em Paris, em 1922. Proust e Joyce se encontraram cercados por inúmeros admiradores. Foram convidados a conversar. E acabaram conversando. A seguir, a substância daquilo que disseram:

> Disse M. Proust: "Como escrevi em meu livro O *Caminho de Swann*, que sem dúvida o senhor deve ter lido, Sir..."
>
> O Sr. Joyce teve um pequeno sobressalto em sua cadeira e logo respondeu: "Não li, Sir". [Joyce então falou] "Como o Sr. Bloom diz em meu *Ulysses*, que monsieur obviamente deve ter lido..."
>
> Proust deu um salto vertical um pouco mais alto em sua cadeira. E então disse: "Mais non, monsieur". (Davenport-Hines, 2006: 40-41)

Ford acrescenta que um pesado silêncio pairou entre os dois homens, quebrado tão-somente quando Proust mencionou seus muitos sintomas de doenças. Joyce comparou-os a seus próprios, mas sem ser forçado a isso. Assim, longe de uma conversa notável entre dois gigantes da literatura, o que o público presente naquela oportunidade ouviu não passou de uma conversa trivial entre dois hipocondríacos!

No entanto, acontecimentos notáveis nem sempre são cheios de humor como este. O gênio maior do escritor italiano Primo Levi se revelava na descrição de cenas triviais de um acontecimento impensável, horrendo: o Holocausto. A seguir, o relato de como as pessoas se preparavam na noite anterior a seu envio, em carro de bois, para um campo de concentração:

> Todos deixaram esta vida da forma que mais se adaptava a cada um. Alguns rezando, outros deliberadamente embriagados, outros pesadamente intoxicados pela última vez. Mas as mães ficavam de pé para preparar a alimentação para a jornada com todo o carinho de sempre, lavavam os filhos e faziam as malas, e, ao amanhecer, o arame farpado estava cheio de roupas de crianças para secar ao vento. Elas não esqueciam as fraldas, os brinquedos, os travesseiros e as centenas de outras pequenas coisas de que as mães se recordam e das quais as crianças sempre precisam. Você não faria o mesmo? Se você e seus filhos fossem ser mortos amanhã, você deixaria de alimentá-los hoje? (Levi, 1979:21)

E é desta forma que ele descreve a chegada ao campo de extermínio:

> Tudo estava tão silencioso quanto em um aquário, ou como em certas sequências de sonhos. Nós esperávamos algo mais apocalíptico; eles pareciam agentes policiais comuns. Isso foi desconcertante e desarticulador. Alguém se atreveu a perguntar pela bagagem; eles responderam, "bagagem só depois". Outro, ainda, não quis ficar separado de sua esposa: eles disseram, "juntos de novo, só depois". Eles agiam com aquela confiança tranquila de pessoas fazendo seu trabalho normal. (Levi, 1979: 25)

Como Hannah Arendt já destacou, em alguns aspectos, as características mais triviais dos horrendos eventos do Holocausto são as mais assustadoras. Realmente, o brilhante documentário *Shoah*, de Claude Lanzmann, é especialmente eficiente nesse aspecto por causa de seu foco nos detalhes do processo de extermínio. O documentário apresenta entrevistas com funcionários de nível médio das ferrovias germânicas que contam a Lanzmann os métodos rotineiros usados para cobrar do governo nazista pelo transporte das pessoas para os campos de extermínio – uma questão ainda muito em voga atualmente, como mostra o episódio em andamento no momento em que escrevo, em que as ferrovias nacionais francesas (SNCF) estão enfrentando um processo por causa dos lucros que tiveram com transportes similares.

O trecho a seguir, extraído também da obra de Levi, trata de um aspecto trivial da vida para aqueles que sobreviveram às seleções iniciais nos campos de concentração. Mostra a ligação potencialmente fatal entre ser mandado para o hospital do campo e a perda do instrumento de alimentação:

> As enfermeiras... conseguem lucros enormes com o tráfico de colheres... é uma lei que, embora a pessoa possa entrar no Ka-Be (o hospital do campo) com sua colher, ninguém pode sair com ela. No momento da liberação... a colher do paciente saudável é confiscada pelas enfermeiras e colocada à venda no Mercado. Somando as colheres dos pacientes prestes a sair àquelas dos mortos e selecionados, as enfermeiras recebem os ganhos da venda de cerca de 50 colheres por dia. Por outro lado, os pacientes liberados são forçados a começar a trabalhar outra vez, com a perda inicial de metade da sua ração de pão, deixada de lado para comprar uma nova colher...
>
> Convidamos agora o leitor a contemplar o possível significado no Lager (campo) das palavras "bem" e "mal", "justo" e "injusto"; que todo mundo julgue, com base no quadro que traçamos e nos exemplos dados acima, quanto do nosso mundo moral comum conseguiria sobreviver do lado de dentro do arame farpado. (Levi, 1979: 91-92)

Levi nos mostra como o horror do campo de concentração pode ser mais bem entendido pela apreciação de seus elementos mais triviais (i.e., a aquisição de um artefato de alimentação como uma colher). Contudo, uma mirada tão essencialmente etnográfica exige uma observação extremamente cuidadosa. Como o companheiro do homem cego de Paul Auster comenta:

> Acabei me dando conta de que nunca havia adquirido o hábito de olhar bem de perto para os objetos, e quando passei a ser solicitado a fazer justamente isso, os resultados foram espantosamente inadequados. Até então, eu sempre havia nutrido uma inclinação pela generalização, por ver as similaridades entre as coisas, em vez de suas diferenças. (Auster, 1990: 117)

Reconhecer diferenças como essas é uma senha extremamente útil para o etnógrafo. Isso foi igualmente entendido pelo filósofo alemão da linguagem Ludwig Wittgenstein, no começo do século XX. Um aluno recorda o seguinte comentário feito por Wittgenstein a respeito do que era importante para ele:

> Hegel, me parece, está sempre querendo dizer que coisas que parecem diferentes são na verdade as mesmas. Já meu interesse maior consiste em mostrar que coisas que parecem as mesmas são na verdade diferentes. (Drury, 1984: 157)

Walter Benjamin, um contemporâneo alemão de Wittgenstein, parece ter sido igualmente fascinado pelas diferenças entre objetos aparentemente triviais. Hannah Arendt conta-nos que:

> Benjamin era um apaixonado por coisas pequenas, minúsculas. Para ele, o tamanho de um objeto era desproporcional a seu significado... Quanto menor o objeto, mais provável parecia que pudesse conter, em sua forma mais concentrada, todo o resto. (1970: 11-12)

Aparentemente, Benjamin andava sempre com blocos contendo anotações a respeito dos mais diferentes aspectos da vida diária, que ele considerava como "pérolas", ou "corais": "De vez em quando ele lia aquelas anotações em voz alta, mostrando-as como se fossem itens de uma coleção muito preciosa e selecionada". (1970: 45)

A esta altura do capítulo, faz sentido inventariar o estoque. Tenho sugerido que o olhar do etnógrafo exige duas coisas: capacidade de localizar os aspectos triviais de situações extraordinárias e identificar aquilo que é notável na rotina diária. Não se preocupe se estiver enfrentando dificuldades para reajustar seu olhar da forma como estou sugerindo. Mesmo tendo familiaridade com os escritores relativamente obscuros, filósofos e fotógrafos aqui mencionados, seu caminho não será facilitado. Em parte, isso ocorre porque as culturas contemporâneas nos incitam a evitar olhar para o mundo da mesma maneira que os etnógrafos. Permitam-me explicar um pouco do que quero dizer com isso.

Superando quatro impulsos culturais contemporâneos

Exatamente em função de se mostrar tão familiar, o mundo cotidiano se apresenta a nossos olhos como se fosse uma coisa única, pasteurizada. Essa aparente monotonia é reforçada pela ênfase dada pela cultura popular a incidentes dramáticos. Isso significa que o pretendente a etnógrafo deve resistir a muitas das mensagens e desejos repetidos quando somos distraídos por sons e imagens de entretenimento.

O que vai a seguir é um breve apanhado, em minha opinião, das importantes mensagens que encontramos ao nosso redor no mundo contemporâneo. A fim de testar o que estou afirmando, você pode pensar a respeito de quais são os produtos midiáticos que mais o atraem (música, livros, jogos eletrônicos) e considerar quão aplicáveis a eles são meus comentários.

I O desejo de que tudo seja a mesma coisa

Esta pode parecer, sem dúvida, uma estranha descrição da cultura contemporânea. Afinal de contas, não temos todos gostos muito diferentes? Por exemplo, em matéria de filmes. Há pessoas que apreciam filmes de ação. Outros adoram comédias românticas ou histórias de detetives. Não são gêneros extremamente diferentes?

Sim e não. O conteúdo e a estrutura desses filmes podem ser diferentes, mas são, todos, filmes de *gênero*. Isso significa que, mesmo antes de entrar em um cinema ou de alugar um DVD, temos expectativas diferentes a respeito dos personagens que estamos prestes a apreciar e do rumo que o enredo irá tomar. Assim, por exemplo, uma comédia romântica tende a apresentar dois enamorados cuja busca da felicidade será complicada por inúmeros incidentes e personagens. Na verdade, essas características do gênero são tão básicas à narrativa que, na década de 1930, o crítico literário russo Vladimir Propp constatou que praticamente todos os filmes ocidentais de faroeste podem ser reduzidos a cerca de meia dúzia de estruturas básicas (ver Silverman, 2006: 164-167).

Contudo, é um erro supor que essas estruturas recorrentes se limitem às histórias que encontramos em filmes e livros. Por exemplo, pense um pouco nos relatos da mídia sobre os trágicos acidentes e desastres da vida real. Para um breve estudo desses relatos, posso revelar um fato social aparentemente invariável: todo aquele que morre tragicamente teve uma vida muito especial. Ninguém que morre em circunstâncias trágicas deixa de ter características notáveis. Se você não acredita em mim, procure em seu jornal, ou na Internet, um relatório relevante, e faça uma análise. Quando ela estiver pronta, você estará transformado em um etnógrafo que busca elementos recorrentes, triviais em eventos e situações aparentemente extraordinários.

O que está contido nesses relatos é a produção de histórias que apresentam aquele tipo de características básicas de gênero que Propp identificou. Descobrimos heróis e heroínas enfrentando pessoas e acontecimentos dramáticos ou maléficos apesar das melhores tentativas de seus guardiães. Curiosamente, ainda que esses relatos se apresentem como portadores de notícias, "novidades", em grande parte eles recorrentemente repetem as mesmas coisas.

O mesmo tipo de assuntos aparece nas entrevistas com as chamadas celebridades. Por exemplo, as entrevistas com autores – talvez o aspecto mais enriquecedor deste gênero. Raramente você irá encontrar perguntas sobre escrever como literatura ou como participante de uma determinada tradição literária. Pelo contrário, a tendência é encontrar quase sempre as duas mesmas perguntas:

- Como é que você começa o trabalho diário de escrever?
- De que maneira suas histórias se relacionam com sua vida pessoal?

Exemplo disso foi uma entrevista da TV britânica com o novelista norte-americano Philip Roth. O entrevistador, Mark Lawson, insistiu em levar Roth a relacionar seu romance então mais recente (*Everyman*), sobre as doenças e a morte de uma pessoa, com sua experiência pessoal em matéria de doenças. Roth foi ficando cada vez mais exasperado com as perguntas, até que decidiu liquidar a questão com uma resposta irônica:

> "Sim. Tudo realmente aconteceu dessa forma comigo. Na verdade, aconteceu tudo nas mesmíssimas palavras. Tudo que eu precisei fazer foi escrevê-las."

A ironia de Roth à custa de Lawson fez-me relembrar de um relato a respeito do grande compositor norte-americano Sammy Kahn, da década de 1940, a respeito de uma pergunta que sempre lhe faziam: "Quando você está compondo, o que surge primeiro – a letra ou a música?". E Kahn: "Nem uma nem outra – surge primeiro o telefonema!".

A piada de Kahn tem um significado muito sério. Mostra que nossa preocupação com a "experiência" dos artistas criativos negligencia uma questão central etnográfica: como seus extraordinários produtos se situam na organização social do dia-a-dia da prática dos artistas (no caso de Kahn, como a composição de uma nova canção surgia sempre a partir de uma determinada encomenda).

Isso significa que a busca dos entrevistadores pela "inspiração" dos artistas em eventos pessoais serve para desviar um interesse etnográfico na produção literária. Como Pico Lyer bem destacou, tais entrevistas atualmente parecem mais importantes do que os próprios romances. "Na era da cultura das celebridades... um escritor é incentivado a falar *sobre* livros mais do que a *escrevê-los*, e a se transformar numa *commodity* que os livros promovem (em vez de ser justamente o contrário)."

Ele comenta a respeito de uma resposta agressiva da autora e crítica Susan Sontag à pergunta de um entrevistador a respeito de sua vida: "Ouvi na resposta dela talvez o último suspiro da última geração que cresceu com um sentimento dos livros, e não com as fofocas a respeito deles, os perfis na TV ou as listas do Google, tendo realmente importância ou o poder de se manifestar" (The *Guardian*, *Review*, 8 de julho de 2006).

O segundo impulso, a seguir, destaca meu comentário anterior de que nossa ansiedade por histórias satisfatórias, familiares não se limita aos romances e aos filmes, estendendo-se também a nossa maneira normal de observar o mundo em que vivemos.

2 O desejo de uma boa história

Dois de cada três motoristas admitem a "viradinha de pescoço" – aquela desaceleração para olhar a cena de acidentes pela qual estão passando – e cerca de 10% deles revelaram que na verdade estacionam para conseguir uma visão melhor de tais cenas, enquanto 1 em cada 20 já protagonizou algum tipo de batida durante a "viradinha", constatou uma pesquisa da empresa nada convencional de pesquisas Green Flag. (Informação do jornal inglês *The Guardian*, 2006)

Por que tendemos a "virar o pescoço" com tal objetivo? Uma resposta foi dada nos anos 1960 em uma conferência clássica de Harvey Sacks. Ele argumenta que uma "experiência" não é algo que existe apenas em nossa mente. Em vez disso, a sociedade qualifica nossos "direitos" a ter uma "experiência" dependendo de ser vivida pela própria pessoa ou por terceiros. Isso significa que a força de uma história depende do grau em que a pessoa que a conta pode proclamar ter "experimentado" ou "vivenciado" os eventos narrados. Ver de perto um amontoamento de carros acidentados proporciona "autenticidade" bem maior do que relatar uma reportagem da TV sobre o mesmo assunto. Daí a prevalência da "viradinha". Disso decorre que o desejo de ter uma experiência pode na verdade ser relacionado com as mortes nas estradas!

Isso tem uma clara implicação para a etnografia. Quando retornamos do "campo", será que agimos como turistas ascendentes usando nossos direitos de participação em uma "experiência"? Se a resposta for positiva, nossos relatos provavelmente estarão focados em incidentes dramáticos envolvendo pessoas não convencionais. Como alternativa, teremos tido a capacidade de entender as rotinas do comportamento em nosso cenário e de apreciar as similaridades, assim como as diferenças, entre nós e as pessoas que estivemos estudando?

3   O desejo de velocidade e ação

Saturday, de Ian McEwan, foi um recente feito, uma verdadeira façanha ao condensar a ação em apenas um dia. ("My Media", Pippa Haywood, *Media Guardian*, 27 de março de 2006)

O relato de Haywood sobre sua reação a esse romance de McEwan parece plausível. Como ela diz, enquanto na maioria de tais obras a ação se estende durante meses, ou até mesmo anos, os eventos nesse livro de McEwan ocorrem todos em um único dia.

No entanto, por que deveria ser difícil duvidar que possa existir em qualquer dia ação suficiente para sustentar o desenvolvimento de uma narrativa? Se você acompanhou minha argumentação até agora, a resposta deveria estar mais do que clara. Na cultura popular, a vida diária não é percebida como contendo um número suficiente de "incidentes". Em contraste, novelistas como Ian McEwan, assim como o bom etnógrafo, podem abordar os eventos de um dia e começar a desvendar mundos maciçamente complexos. Na verdade, um dia inteiro pode ser um considerável espaço de tempo. Analisar detalhadamente um breve incidente ou uma conversa pode acabar proporcionando uma chave para o entendimento da interação diuturna em nossos cenários de campo.

4   O desejo de um desfecho

Venho argumentando que a cultura popular recorre a nosso desejo de sermos distraídos da realidade por imagens emocionantes e roteiros previsíveis. Não há nada de novidade nisso. Séculos atrás, quando as tecnologias de produção e consumo eram extremamente diferentes das atuais, a cultura popular satisfazia os mesmos impulsos. Basta lembrar o atrativo de histórias sobre execuções públicas no século XVIII, ou a maneira pela qual os contos de fadas enfeitiçavam as crianças, isso durante muitos séculos. Como ocorre com as narrativas dos dias modernos, sabemos que podemos olhar além das complicações do que é narrado e imaginar um final feliz, em que todas as pontas soltas da trama acabam se encontrando.

Pensem nas convenções de uma história de detetives de Agatha Christie, nas quais todos os suspeitos estão reunidos em um salão e nosso brilhante detetive consegue encontrar todas as explicações e, a partir daí, identificar o assassino. Ou relembre o famoso filme *Janela Indiscreta (Rear Window)*, de Alfred Hitchcock, em que um homem em cadeira de rosas observa um crime da janela de seu apartamento. A história inteira se desenrola enquanto James Stewart acompanha os fatos de um apartamento vizinho.

Mas, até que ponto tudo isso é realista? Histórias podem ser realmente tão simples, tão imediatamente descortinadas? A seguir, uma visão contrastante em um recente romance de Andrew Cowan sobre um detetive particular:

> Em todos esses anos trabalhando como tira particular... raramente presenciei algo tão organizadamente esquematizado, tão prontamente interpretado... A maior parte do tempo vejo apenas fragmentos – lampejos e fragmentos, partes de situações, partes de histórias... É uma visão granular, parcial, e minha vida não é assim tão agitada... mas sim algo que exige grande dose de paciência, persistência e cautela. (Cowan, 2006: 67-69)

Em minha opinião, o sociólogo mais consciente da necessidade de "paciência, persistência e cautela" foi Harvey Sacks. A seguir, alguns extratos de Sacks que ilustram essa abordagem. Eles também mostram que, ainda que Sacks seja normalmente relacionado com a abordagem altamente especializada chamada de "análise de conversação", suas conferências publicadas são uma mina de ouro para os etnógrafos.

Sacks em detalhes

> Busque sempre a verdade, não a raridade. O atípico pode dar conta de si mesmo... E muitas vezes, quando estamos examinando várias verdades comuns, mantendo-as em proximidade em um esforço para sentir outra vez aquilo que as torna

> verdadeiras, a raridade acaba misteriosamente germinando no espaço carregado entre elas. (Baker, 1997: 24)

Para Sacks, como para o ensaísta Nicholson Baker, a raridade jamais foi o ponto central da questão. A misteriosa germinação de raridades fora do contexto, a que Baker se refere, é contrabalançada pela obvervação de Schegloff segundo a qual, no trabalho de Sacks:

> Detalhes anteriormente insuspeitados mostraram ser recursos críticos para [ver] o que estava acontecendo ali, e pela conversa. (Sacks, 1992a:xviii)

Sacks rejeitava "a noção de que você podia determinar de imediato se alguma coisa era ou não importante" (1992a: 28). Ele usa o caso da biologia para mostrar a forma pela qual o estudo de um objeto aparentemente mínimo ("uma bactéria") consegue revolucionar nosso conhecimento inteiro.

Por que supor, por exemplo, que você precisa estudar estados e revoluções quando:

> É possível que algum objeto (por exemplo, provérbios) proporcione um imenso entendimento da maneira pela qual os seres humanos fazem as coisas e os tipos de objetos que eles usam para construir e ordenar seus assuntos. (1992a: 28)

Por exemplo, se acaso desafiado a respeito de seus atos, uma resposta efetiva poderia ser simplesmente que "todo mundo faz isso" (1992a: 23). Aqui o recurso a "todo mundo" funciona como um instrumento retórico em vez de uma afirmação estatística. Como tal, serve para limitar sua responsabilidade em relação a um determinado ato porque semelhante comportamento pode ser visto como "geral".

Da mesma forma, recorrer a um dito (p. ex., "antes tarde do que nunca") é sempre um poderoso recurso de conversação, independentemente de se tratar de um dito "verdadeiro" ou mesmo "verdadeiro nesta circunstância". Sacks destaca que usar um dito como abertura de uma conversação normalmente produz um simulacro de acordo por parte do ouvinte. Nesse aspecto, pode ser então outro efetivo instrumento de decolagem.

Em contrapartida, as pessoas que não se submetem a concordar com um ditado usado na argumentação irão se dar conta de que a conversação poderá ser abruptamente encerrada por quem recorre a esse ditado. Isso pode acontecer porque os ditados são normalmente tidos como incontestáveis e, portanto, algo que qualquer conversador deve conhecer (1992a: 25). Por isso, desafiar um ditado é um meio eficaz de resistir a um pretendido encaminhamento pela citação de um dito popular.

Como Sacks, Baker se recusa a aceitar a versão imperante da "grande" pergunta. Os ensaios (1997) de Baker sobre tópicos aparentemente minimalistas – da história da pontuação à estética dos clipes de unhas e dos velhos cartões de catálogo de biblioteca – podem chegar a enfurecer muitos leitores. Contudo, por trás de tais aparentes trivialidades reside aquilo que considero como uma pretensão muito séria – buscar transparência e *insight* pelo exame detalhado de objetos aparentemente "pequenos". Nenhum leitor dos ensaios e conferências de Sacks pode duvidar de que, 40 anos atrás, cientistas sociais foram convidados a traçar este mesmo caminho, evitando relatos vazios sobre "importantes" questões em favor de elegantes análises que extraem muita coisa do que é pequeno.

Sacks tinha a convicção de que trabalho sério era aquele que prestava atenção aos detalhes e de que, se algo tinha alguma importância, esta deveria ser observável. Por exemplo, em uma passagem fascinante, Sacks destacou a perniciosa influência sobre a sociologia da proposta do psicólogo social americano G. H. Mead de que precisamos estudar coisas que não estão disponíveis para observação (p.ex., "sociedade", "atitudes"). Como Sacks comenta:

> Mas as atividades sociais são observáveis, é possível vê-las ao seu redor, e é possível descrevê-las de maneira concreta. O gravador é importante, mas grande parte dessa observação pode ser feita sem um gravador. Se você pensa que pode ver a questão, isso significa que podemos construir um estudo observacional. (1992a: 28)

No entanto, a elogiável atenção dos etnógrafos ao detalhe raramente satisfazia as rigorosas demandas metodológicas de Sacks. Em especial, é arriscado dar como certo aquilo que nos parece estarmos "vendo". Como diz Sacks:

> Ao determinar o que parece ter acontecido, em preparação para resolver o problema (da pesquisa), não permita que sua noção do que poderia ter concebivelmente ocorrido decida em seu lugar aquilo que certamente aconteceu. (1992a:115)

Aqui, Sacks conta-nos que nossa "noção do que poderia ter concebivelmente ocorrido" vai aparentemente ser extraída a partir de nosso conhecimento não testado como membros da sociedade. Em lugar disso, precisamos agir mais cautelosamente ao examinar os métodos que todos os membros usam para produzir determinadas atividades como "eventos" observáveis e narráveis. Isso significa que as pessoas não deveriam ser vistas como "chegando a acordo com alguns fenômenos" (1992a: 437) mas sim como ativamente *constituindo* tais fenômenos. Examinemos alguns dos exemplos de Sacks a esse respeito.

Velocidade nas estradas

Veja o fenômeno do "pé na tabua" – como é que a pessoa sabe que está em excesso de velocidade? Uma solução óbvia é olhar para o velocímetro do automóvel. No entanto, outro método muito usado é comparar o movimento em que se está ao restante do tráfego. E o "tráfego" é um fenômeno que é ativamente usado por usuários das estradas. Como Sacks sugere:

> As pessoas podem ser vistas aglomerando seus carros em algo que constitui "um tráfego" não importa quando, onde e quem esteja dirigindo. Isso existe como um fato social, algo que os motoristas fazem... (assim) com "um tráfego" eu não quero dizer que existem alguns carros, mas que existe um conjunto de automóveis que pode ser usado como "o tráfego", para onde quer que ele flua; esses carros são aglomerados. E é em termos de "o tráfego" que você vê que está dirigindo em alta ou baixa velocidade. (1992a: 437)

Sacks argumenta neste ponto que, em vez de constituir um fato natural, "o tráfego" é um sistema auto-organizado, no qual as pessoas ajustam sua velocidade por referência à maneira pela qual definem "o tráfego". O tráfego, assim, serve como uma metáfora em relação a como a ordem social é construída por referência àquilo que pode ser inferido. Isso mostra também que a capacidade de "ler a mente de outras pessoas" (neste caso, as mentes de outros motoristas) não é uma fantasia psicológica, mas, sim, uma condição para a ordem social. Para Sacks, então, "tráfego" e "velocidade" não constituem fatos naturais, sendo, pelo contrário, fenômenos localmente elaborados. As características próprias disso podem ser vistas em entrevistas médicas, em que "normal" para os médicos é aquilo que eles concluem ser o normal para *você* (1992a: 57-58).

Observando crimes nas ruas

Segundo Sacks, os agentes policiais enfrentam o mesmo tipo de problemas que os moradores das ilhas Shetland de acordo com o que Erving Goffman estudou para sua etnografia clássica *The Presentation of Self in Everyday Life* (1959) – no Brasil, *A Representação do Eu na Vida Cotidiana*. O problema que os policiais compartilham com todas as outras pessoas é: como inferir o caráter moral a partir de aparências potencialmente enganadoras? Para resolver esse problema, a polícia "aprende a tratar seus domínios como um território de aparências normais" (Sacks, 1972: 284), de maneira tal que possa tratar variações mínimas em aparências normais como "incongruências" merecedoras de investigação. Ao longo do processo, policiais, bem como advogados criminais, juízes e jurados, trabalham com a suposição das aparências daquilo que David Sudnow qualificou de tipificações de crimes "normais".

A implicação dos comentários de Sacks está em que o estudo da maneira pela qual os componentes da sociedade usam categorias deveria tornar os etnógrafos extremamente alertas e cautelosos a respeito de como eles usam categorias. Por exemplo, Sacks faz citações de dois linguistas que aparentemente não têm o menor problema para caracterizar discursos determinados (inventados) como "simples", "complexos", "informais" ou "cerimoniais". Para Sacks, uma classificação assim tão rápida de dados supõe "que podemos saber disso sem a necessidade de uma análise daquilo que (eles) estão fazendo" (1992a: 429). Quarenta anos depois, seus comentários continuam significando uma crítica da codificação apressada de dados que às vezes encontramos em pesquisa qualitativa, especialmente quando os pesquisadores analisam dados de entrevistas.

De volta ao trivial

Pretendo concluir este capítulo retornando ao tema principal através de mais duas das fotografias de Chelbin. A primeira delas é a de um adulto idoso com uma menina. Como podemos divisar aspectos notáveis neste encontro trivial?

Figura 1.3 Avô, Rússia, 2003.

A legenda usa a categoria "avô" como identificação. Essa categoria nos condiciona à maneira pela qual vemos a foto. Ela nos diz que a criança no sofá é não apenas uma neta, mas, com toda a probabilidade, a neta do homem ali também retratado.

De imediato, no entanto, vem à superfície um bom número de enigmas. O que devemos pensar a respeito da aparência bizarra da criança, aparentemente jogada em um sofá com uma expressão de indiferença a tudo que a cerca? Seria essa a maneira pela qual uma criança deveria comportar-se quando estivesse com seu avô? Isso tudo parece ainda mais estranho pelo fato de ela estar usando o que parece um vestido de festa. Mesmo se ela não estiver contente com a presença do avô, não deveria sentir-se contente por estar trajada dessa forma?

Mais ainda, há também alguma coisa estranha em relação ao avô. Por que seu olhar parece tão infeliz, quando os avós supostamente só encontram alegrias nos respectivos netos? E por que ele está a uma certa distância da neta? Os encontros com netos não devem ser sempre motivo para momentos de alegria? Se um chimpanzé como Mickey (na fotografia mostrada anteriormente) consegue colocar seus braços em torno de uma criança, por que o homem da foto não tem seus braços em torno da neta?

Olhar a fotografia de Chelbin não nos proporciona quaisquer respostas a esses enigmas – a menos que nos deixemos levar pelo impulso de impor alguma conclusão sobre aquilo que vemos. Em vez disso, seu desvio daquilo que esperamos nos sugere que ponderemos a respeito dos rituais da vida trivial.

De maneira similar, muitos escritores nos pediram para examinar os contornos da vida rotineira. A seguir, Philip Roth, na conclusão de um funeral familiar:

> Aquele foi o final. Nenhum ponto especial foi apresentado. Teriam eles dito tudo que tinham para dizer? Não, não disseram, e é claro que disseram. Para cima e para baixo do estado naquele dia, 500 funerais como aqueles foram realizados, rotineiros, comuns, e... nem mais nem menos interessantes do que os outros. Mas então é a rotina que se torna o fator mais lancinante, apenas mais um registro do fato da morte que supera qualquer outra coisa. (Roth, 2006: 14-15)

Ao contrário de Chelbin ou Arbus, Roth nos leva diretamente às rotinas da existência trivial sem apresentar quebra-cabeças. Mesmo assim, ele usa sua visão literária para extrair aquilo que é digno de nota a respeito de um evento trivial. Para todos os três artistas citados, bem como para os etnógrafos, rotinas como funerais familiares podem ser vistas como um dentre uma coleção daquilo que Arbus chama de "incontáveis, inescrutáveis hábitos".

Mas, como você poderá recordar, existe ainda mais uma face dessa moeda. Tenho insistido no fato de que cenas extraordinárias ou notáveis deveriam também trazer a nossa lembrança hábitos triviais. Vejam, por exemplo, outra das fotografias de Chelbin de artistas de circo.

Figura 1.4 Sem Título 01.

Nessa foto, temos outra menina em traje de festa. Mas ela se equilibra na mão de um homem – uma cena incomum. Mesmo assim, podemos extrair aspectos triviais a partir dessa imagem.

Sabemos que a fotografia é parte do trabalho de Chelbin com artistas de circo. O traje da menina e a vestimenta do homem indicam artistas de circo. Mais ainda, notamos facilmente o olhar de orgulho do homem para a câmera, e a pose da menina, com os braços estendidos. Ambos parecem pedir nosso aplauso ao seu desempenho, e, ao contrário da foto do avô, mostram-se felizes com a presença um do outro.

Assim, o que há de estranho na cena pode levar o etnógrafo diretamente a questões a respeito da existência rotineira. Por exemplo, quais são as rotinas diárias da vida no circo? Que tipos de relacionamentos entre adultos e crianças essa rotina incentiva e/ou proíbe? Tais questões nos conduzem na direção de uma etnografia de cenários diferentes de trabalho.

Assim, a vida de circo envolvendo acrobatas e chimpanzés pode coexistir com a trivialidade. Isso também é verdade para outros eventos aparentemente extraordinários, como uma doença mental. Como Alan Bennett comenta a respeito da depressão e paranoia da própria mãe:

> Em todas as suas imersões na irrealidade, Mamãe continuou sendo a mulher tímida, indecisa que sempre havia sido, nenhuma de suas eram fantasias extravagantes, seus pedidos por mais irracionais que pudessem ser, eram sempre modestos. Ela poderia estar doente, perturbada, louca, na verdade, mas ainda assim sabia o seu lugar. (Bennett, 2005:7)

Em meu trabalho voluntário com pessoas com demência vivendo em um lar para essa condição, fiquei, como Bennett, espantado com aquilo que eles compartilham conosco. Ainda que tais residentes (agora meus amigos) não consigam recordar seu passado ou mesmo o próprio nome, seria um grave erro supor que eles não podem comunicar-se. Quando se referem a um filho como "meu pai", vemos nisso menos um engano do que uma habilidade – afinal, eles escolheram uma categoria da coleção "certa", isto é, "membros da família". De maneira similar, ainda que possam não ter sido capazes de falar de maneira inteligível, eu ainda assim consigo conversar com eles. Constato que continuam reconhecendo movimentos interacionais básicos. Por exemplo, quando faço uma pergunta, meus amigos residentes sabem que uma resposta é o próximo movimento adequado, e produzem sons que fazem as vezes de uma resposta.

Quando canto velhas canções com eles, meus amigos no residencial revelam uma notável capacidade de recordar as letras (eu tenho de me basear em um livro de velhas músicas!). Mesmo uma senhora que não consegue mais falar ainda assim continua capaz de demonstrar sua aprovação da canção fazendo para mim o sinal do polegar para cima, e sorrindo quando eu retribuo a essa manifestação.

Conclusão

Já falei que o filósofo Wittgenstein tem importantes pontos de contato com aquilo que venho dizendo. Como Sacks, Chelbin e Arbus, Wittgenstein adverte os etnógrafos da dificuldade que representa questionar situações que parecem ser inteiramente rotineiras. Ele escreve: "Com quanta dificuldade me defronto para ver aquilo que *está defronte meus olhos*" (Wittgenstein, 1980: 39e).

Ao contrário do crítico do *Guardian* que considerou extremamente difícil escrever um romance sobre um único dia, Wittgenstein, na passagem a seguir, nos convida a imaginar um drama sem incidentes, aparentes:

> Imaginemos um teatro; a cortina sobe e vemos um homem sozinho em uma sala, caminhando de um lado para o outro, acendendo um cigarro, sentando-se, etc., de tal forma que de repente estamos observando um ser humano do lado de fora, de uma forma que normalmente nunca podemos observar a nós mesmos; isso seria igual a observar um capítulo de biografia com nossos próprios olhos, o que certamente seria ao mesmo tempo estranho e maravilhoso. (1980: 12e)

Para Wittgenstein, é maravilhoso observar fenômenos realmente triviais:

> Pessoas que estão constantemente perguntando "por quê?" são como turistas que ficam de pé diante de um edifício lendo o Baedecker [um antigo guia de turismo] e se ocupam de tal maneira na leitura de sua construção, etc., que acabam deixando de *ver* esse edifício. (1980: 40e)

Wittgenstein nos relembra que seu tipo de filósofo (e nosso tipo de etnógrafo) precisa tanto resistir aos impulsos da cultura contemporânea quanto deixar de lado questões acadêmicas convencionais. Questões causais e históricas, apresentadas antes do tempo, não servirão para nos ajudar a entender objetos triviais. Como Wittgenstein assinala:

> O que há de mais insidioso no ponto de vista causal é que ele nos leva a dizer: "Naturalmente, teria de acontecer dessa forma". Em vez disso, deveríamos pensar: poderia ter acontecido *dessa forma* – e também de muitas outras formas.

> Colocando de outro modo: "Deus garanta o *insight* do filósofo a respeito daquilo que está à frente dos olhos de todo mundo." (1980: 63e)

Esta foi uma excursão extremamente incompleta a um território muito bem conhecido. No máximo, tentei apresentar algumas ilustrações motivadoras daquilo que muitos de nós já conhecíamos. Para repetir uma frase citada anteriormente, elas destacam o fato de que a boa etnografia "exige uma grande dose de paciência, persistência e cautela" (Cowan, 2006: 69).

Ironicamente, na mesma extensão em que a universidade nos ensina que grandes pensadores lidam com teorias de, digamos, história ou suas causas, ela torna nossa tarefa ainda mais difícil. Referindo-se ao trabalho da Observação de Massas discutido no começo deste capítulo, um jornal contemporâneo observou argutamente:

> Um fato que emergiu de tudo isso é a dificuldade que os intelectuais aparentam na descrição de seu ambiente ou nos even-

tos diários de suas vidas. Por outro lado, a observação parece surgir naturalmente para as pessoas que levam uma existência comum. Elas encaram suas tarefas com seriedade e tratam de realizá-las com eficiência, talvez pelo fato de reconhecerem o valor prático de qualquer tentativa de ordenar a confusão da vida moderna. (*The Manchester Guardian*, 14 de setembro de 1937)

Como "pessoas que levam uma existência comum", na condição de etnógrafos precisamos aprender a levar nossas "tarefas a sério e a realizá-las com eficiência".

2
Sobre Descobrir e Fabricar Dados Qualitativos

No capítulo anterior, proporcionei ao leitor uma pitada da fórmula pela qual os pesquisadores qualitativos podem acessar dados fascinantes ao observar cenários triviais ou pela descoberta de características rotineiras em situações extraordinárias. Batizei semelhante abordagem de "etnografia".

Contudo, a fim de simplificar as coisas, até aqui tratei de atenuar duas questões para as quais precisamos agora nos voltar. A primeira delas: de maneira alguma todos os etnógrafos dedicam aquele tipo de atenção cuidadosa aos mínimos detalhes que descrevi. Alguns sonham com contar histórias extraordinárias passadas no campo de trabalho. Outros, especialmente em épocas recentes, desalojam esses detalhes trocando-os por aquilo que considero uma deprimente preocupação com teoria pomposa e narrativa experimental (ver minha discussão do pós-modernismo no Capítulo 5).

Em segundo lugar, trata-se de uma considerável adulteração da realidade dar a entender que a etnografia é hoje o principal método de pesquisa qualitativa e que o material observacional constitui a principal fonte de dados. Nada disso é surpreendente, porém, dada a pletora de materiais que atrai nossa atenção. Esses materiais vão além de tudo aquilo que podemos ver e ouvir pessoalmente, ou por meio de registros, além daquilo que podemos deduzir fazendo perguntas em entrevistas ou por meio de estímulos a grupos de foco.

No entanto, apesar dessa ampla gama de materiais, quando se trata de estudos reais de pesquisa, o que vemos é uma expansão ainda maior de métodos. Não é importante o fato de ser a etnografia apenas mais um dentre muitos métodos. Em vez de ver, ouvir e ler, a maioria dos pesquisadores qualitativos contemporâneos prefere selecionar um pequeno grupo de indivíduos para serem entrevistados ou colocados em grupos de foco. Nesse sentido, ao reunir uma amostra específica de pesquisa, ligada somente pelo fato de terem sido seus componentes escolhidos para responder a uma questão predeterminada de pesquisa, tais pesquisadores preferem "fabricar" seus dados a "descobri-los" em "campo". Apesar de suas mais sinceras proclamações de que com isso estão fazendo algo muito diferente de pesquisa quantitativa (mais "humanística", mais "experimental", mais "aprofundada"), semelhante fabricação de dados para responder a um problema específico de pesquisa é exatamente *o* método que os pesquisadores quantitativos adotam.

Quatro perguntas cruciais

Acabo de trazer a debate quatro perguntas adicionais que precisam ser abordadas:

- A garantia e o bom-senso dos termos que tenho usado (p. ex., "dados fabricados").
- A garantia de proclamar que dados "fabricados" estão em ascensão na pesquisa quantitativa contemporânea.
- A pergunta "e daí?", isto é, se existe semelhante ascensão, terá ela importância? Quais são os tipos de fenômenos observáveis no mundo ao redor que você poderia perder ao fazer perguntas aos respondentes de entrevista?
- Dado que a maioria dos pesquisadores qualitativos não é composta de idiotas, como é que chegaram a um ponto como este, capaz de limitar suas opções em *design* de pesquisa qualitativa? Como podem tais perspectivas funcionar como verdadeiras "viseiras" mentais?

A primeira pergunta levanta uma questão que leitores críticos podem, a esta altura, já estar fazendo: o que significa "fabricar dados"? Isso não supõe uma perigosa polaridade entre aquilo que é "natural" e aquilo que é "artificial" ou "forjado"? Como nos mostraram antropólogos como Mary Douglas (1975), não são essas exatamente as espécies de categorias culturais que precisamos estudar na prática, em vez de tentar sua imposição? Não seriam todos os dados "fabricados", no sentido de que a "realidade" nunca fala por si mesma, mas precisa ser aprendida por meio de determinadas preocupações e perspectivas, e pela simples logística da pesquisa – por exemplo, aonde você coloca seu gravador de DVD? Mais ainda, estaria eu querendo dizer que existem fontes de dados intrinsecamente "boas" ou "ruins"? Em contraste, como todos os pesquisadores experientes acabam aprendendo, não é verdade que sua escolha de dados depende sempre de seu problema de pesquisa?

Todas são realmente perguntas importantes que impõem que nos liberemos de termos simplistas como dados "fabricados" ou "descobertos". E é exatamente isso que pretendo fazer extensivamente ao longo deste capítulo, depois que tiver apresentado algumas coisas de maior substância. Correndo o risco de precisar temporariamente suspender essas perguntas, procurarei evitar me ater demais naquilo que pode parecer um jogo de definições monótonas, cansativas.

No entanto, quero responder de imediato à pergunta de número 2. Quais as evidências de que disponho em favor de minha afirmação de que dados "fabricados" constituem a preocupação predominante da pesquisa qualitativa contemporânea?

O primeiro desses indícios, ou evidências, é puramente factual. Durante mais de 20 anos tenho assessorado estudantes que optaram pela realização de projetos de pesquisa qualitativa. Ao longo desse período, constatei que cerca de 90% de meus orientandos inicialmente apontam as entrevistas como sua fonte preferencial de dados. Naturalmente, minha amostra pode carecer de valor, mas preciso indicar que, especialmente desde minha aposentadoria, em 1998, de um posto de professor de dedicação exclusiva de uma universidade, essa amostra inclui alunos de inúmeras instituições, disciplinas e até mesmo nações.

No entanto, tenho mais do que meras evidências factuais. Na década de 1990, fiz um estudo a respeito de duas publicações especializadas em ciências sociais e constatei que, dos artigos sobre pesquisa qualitativa ali publicados nos últimos cinco anos, as entrevistas e os grupos de foco constituíam entre 55 e 85% do material total. Examinando outras publicações atuais, a diferença parece relativamente escassa, embora um interesse plenamente justificado na Internet tenha provavelmente significado um modesto aumento na proporção de estudos publicados com base naquilo que chamei de dados "descobertos", ainda que limitados pela preferência da maioria dos pesquisadores por entrevistar participantes *online*, em vez de analisar aquilo que fazem em seus PCs.

Minha evidência final dessa preferência deriva de minhas leituras das propostas de emprego para postos de pesquisa que meu jornal diário, o *Guardian*, publica todas as terças-feiras. Embora eu não possa oferecer percentagens, minha impressão é de que, uma vez mais, na maioria dos casos "pesquisa quantitativa" está relacionada com fazer perguntas a respondentes. Permitam-me apresentar um exemplo que considero representação perfeita de tal situação.

Em 2003, deparei-me com um anúncio solicitando currículos para emprego de pesquisa em um estudo sobre "como a adversidade psicossocial se relaciona com o número de asmáticos e a cura/ou morbidade de asma e a cura". O texto do anúncio explicava que esse problema seria estudado por meio de entrevistas qualitativas. Minha pergunta imediata foi: de que maneira entrevistas qualitativas poderiam ajudar a esclarecer o assunto em foco? O problema não residiria no fato de que pessoas com asma seriam incapazes de responder a perguntas a respeito de seu passado, nem, muito menos, que elas tenderiam naturalmente a mentir ao entrevistador, ou a desinformá-lo. Em vez disso, como todos nós quando enfrentados com uma consequência (nesse caso, uma doença crônica), tais pessoas certamente documentarão seu passado de uma forma que possa favorecê-las, dando ênfase a determinados eventos e diminuindo outros tantos. Em outras palavras, o entrevistador estará convidando a uma "revisão da história" retrospectiva (Garfinkel, 1967) com uma influência incalculável sobre o problema causal com o qual toda essa pesquisa se preocupa.

Não nego que um valioso material poderia ser coletado por tal estudo qualitativo. Pelo contrário, o que se sustenta é que a análise de dados deveria avaliar uma questão inteiramente diversa – narrativas de doenças nas quais as "causas" e "associações" funcionem como movimentos retóricos.

Em contraste, um estudo quantitativo seria muito mais apropriado à questão de pesquisa apresentada. Pesquisas/estudos quantitativos podem ser usados em amostras muito maiores do que entrevistas qualitativas, permitindo assim que as inferências sejam feitas em relação a populações maiores. Além disso, tais pesquisas/estudos têm mensurações padronizadas e confiáveis para apurar os "fatos" com os quais o respectivo estudo se preocupa. Na verdade, por que um estudo quantitativo de larga escala deveria ser restrito a pesquisas ou entrevistas? Se meu objetivo fosse a obtenção de conhecimentos confiáveis e generalizáveis a respeito da relação entre essas duas variáveis (adversidade psicossocial e morbidade pela asma), deveria começar examinando os registros de um hospital.

O estudo da asma parece ter sido projetado em termos de uma concepção extremamente limitada, muito comum mesmo, da divisão de trabalho entre pesquisa qualitativa e quantitativa. Enquanto esta se concentra em dados que mostram a atitude das pessoas, aquela é vista como o domínio em que estudamos experiências pessoais de profundidade por meio de um número reduzido de entrevistas relativamente não estruturadas. Isso levou ao que considero como dois erros crassos no *design* da pesquisa qualitativa. O primeiro, o fracasso em reconhecer que algumas questões da pesquisa poderiam ser mais bem estudadas usando-se majoritariamente dados quantitativos. Com certeza a questão causal aqui levantada poderia ser melhor avaliada via um questionário aplicado a uma amostra maior de pacientes, ou por meio de uma revisão de prontuários de hospitais, para verificar se existe alguma correlação entre um diagnóstico de asma e uma ocorrência maior entre trabalhadores sociais e/ou profissionais de saúde mental.

O segundo desses erros crassos está em que o *design* da pesquisa, como demonstrado, parece não levar na devida conta o amplo potencial da pesquisa qualitativa para o estudo de fatores tais como as carreiras dos pacientes de asma. Por que os pesquisadores qualitativos não podem estudar comportamentos? Por exemplo, por que não realizar um estudo etnográfico que observe se (e, em caso positivo, como) os médicos nos hospitais e centros de cuidados primários extraem de seus pacientes histórias relacionadas a problemas psicossociais? Por que não estudar conferências sobre trabalho social e casos hospitalares para verificar se esses problemas são reconhecidos e, em caso positivo, quais as ações exigidas em função disso? Em resumo, por que supor que a pesquisa qualitativa envolve tão-somente pesquisadores fazendo perguntas a respondentes?

Mais ainda, o *design* da pesquisa escolhe apresentar a principal pergunta do estudo aos próprios respondentes. Isso provoca dois problemas. O primeiro, como é bem sabido em pesquisas quantitativas, se os respondentes têm consciência dos objetivos, isso pode acabar afetando suas respostas. Em segundo lugar, isso pode conduzir a pesquisa malfeita na qual a análise correta dos dados é simplesmente substituída por transmitir aquilo que os respondentes afirmaram.

Como Clive Seale (comunicação pessoal, 2007) destacou:

> Este é um problema muito comum em todos os tipos de estudos, mas em especial naqueles em que as pessoas usam erradamente um *design* qualitativo para responder a uma pergunta mais adequada a um *design* de experimento ou quase experimental. As pessoas decidem, digamos, que irão verificar se a violência na TV incentiva atitudes violentas. Em vez de realizar um estudo sobre o que as pessoas assistem na TV e um estudo paralelo sobre sua tendência à violência, e a partir daí analisar se existe alguma correlação (sempre na esperança, é claro, de que não existam razões espúrias para semelhante correlação), o que se faz é simplesmente escolher um grupo de pessoas e perguntar-lhes (mais ou menos...) "você pensa que a televisão causa violência?".

Agora passemos à terceira pergunta: "e daí?". Em parte, o estudo sobre a asma já proporciona uma resposta: ao coletar dados "manufaturados", limitamos consideravelmente o alcance do fenômeno que podemos descobrir e com isso acabamos seguindo um rumo que é trilhado com mais eficácia por nossos colegas quantitativos. No entanto, dada a importância da pergunta "e daí?", pretendo proporcionar alguns exemplos adicionais extraídos de um recente artigo em uma publicação acadêmica. Uma vez que irei resumidamente destacar o que entendo serem limitações da abordagem utilizada, devo também enfatizar que de maneira alguma considero tratar-se de um artigo pobre ou fraco – ainda mais que ele elogia bastante meu trabalho.

O artigo que discutiremos a seguir é extraído do campo de organizações e gestão, mas tenho alguns indícios que me levam a sugerir que as mesmas tendências se aplicam a outros campos substantivos das ciências sociais. Por exemplo, minha pesquisa dos anos 1990 de artigos publicados revelou uma situação similar no estudo da saúde e da medicina.

O ensaio, de autoria de Alison Linstead e Robyn Thomas (2002), intitula-se "'What do you want from me?' A poststructuralist feminist reading of middle managers identities" ("'O que você quer de mim?' Uma leitura feminista pós-estruturalista de identidades de gerentes de nível intermediário"). Por favor, esqueçam por enquanto a bagagem teórico-ideológica mencionada no título ("pós-estruturalista", "feminista"). A questão do uso ou utilidade de tais teorias, para quem estiver interessado, será abordada no Capítulo 5.

Linstead e Thomas asseguram no resumo que seu artigo "explora o processo de construção da identidade para quatro gerentes de nível intermediário, homens e mulheres, no âmbito de uma organização reestruturada". Muito apropriadamente, eles reconhecem que sua amostra é pequena (entrevistas com apenas quatro gerentes) e mostram algum reconhecimento das consequências da utilização seletiva dos extratos dessas entrevistas. A seguir, um extrato de uma entrevista com Wayne:

> "Mudei demais desde que comecei a trabalhar aqui. Muitos de meus colegas não sobreviveram às mudanças... eram todos boas pessoas mas não tinham o controle daquilo que estava acontecendo. Tive sorte, claro que tive, mas também trabalhei para isso, nunca fiquei parado no tempo, sempre procurei dar o máximo de meus esforços... você precisa sempre de uma boa retaguarda, mas é a capacidade de avançar, de ir em frente, que acaba proporcionando maior garantia".

A seguir, a interpretação dada a esse extrato pelos pesquisadores:

> Isto se baseia em uma justificativa de que trabalhar com afinco e procurar avançar são fatores exigidos tanto pelas circunstâncias quanto por aquilo que você é, e o fato de ser "boa pessoa" não basta, pois você precisa se especializar para dominar a situação. Wayne vê também que isso é conseguido por meio de qualificações, o que talvez funcione como um sinal para outras atividades que ele não menciona. Ele também manifesta um grau paradoxal de culpa pelo fato de ser um sobrevivente, por ser considerado como diferente de pessoas das quais foi outrora amigo, embora essa diferenciação constituísse exatamente o objetivo de suas ações. Ele se mostra sinceramente afetado pelo fato de seus amigos terem perdido os empregos, mas precisa se mostrar insensível em relação a isso, manter seus sentimentos sob controle, pois entende que poderia ser o próximo. (Linstead e Thomas, 2002: 10)

O que já vimos deste estudo desperta três conjuntos de perguntas, abaixo relacionados:

- O que podemos entender a partir do comentário dos autores sobre esse extrato de entrevista? O que isso pode agregar ao que qualquer leitor pode inferir dele? Trata-se simplesmente do tipo de coisa que um jornalista poderia agregar a um relato sobre a entrevista com uma celebridade? Se tem qualquer diferença em relação a essas coisas, quais são as garantias de Linstead e Thomas para sugerir a importância daquilo que Wayne "não menciona", para falar a respeito de "culpa paradoxal" e afirmar que Wayne se mostra "sinceramente afetado" mas precisa "manter seus sentimentos sob controle"? Em que sentido tudo isso constitui análise de ciências sociais ou o que, talvez injustamente, passa às vezes por "psicobesteirol"?
- Como ocorre com tantos relatos sobre entrevistas qualitativas, não existem aqui trechos de conversas que incluam tanto a resposta do entrevistado quanto o pedido ligado à pergunta anterior do entrevistador para a continuação ou uma demonstração de entendimento (por exemplo, "bem, bem..." ou "entendo..."). Como Tim Ripley destacou, semelhante

omissão peca ao deixar de reconhecer que "interações de entrevistas são inerentemente espaços nos quais ambos os participantes estão constantemente fazendo análise" – ambos os participantes estão engajados (e colaborando) em "fazer sentido" e "produzir conhecimento" (2004: 26-27).
- Pesquisas revelam que as pessoas recorrem a identidades múltiplas tanto na vida diária (Sacks, 1992) quanto durante entrevistas (Holstein e Gubrium, 1995: 33-34). Por que limitar a pesquisa a entrevistas quando você pode observar a construção de identidade no âmbito da organização (por exemplo, ao observar reuniões de comitês executivos e/ou arquivos de empregados)?

Como destaca Clive Seale (comunicação pessoal, 2007), Linstead e Thomas, de maneira similar a tantos outros pesquisadores de entrevistas, não trataram a própria entrevista como um posto observacional, e com isso acabaram por "comprar" a versão dos respondentes. Isso emerge particularmente porque, como no estudo sobre a asma, a pesquisa sobre gerentes de nível intermediário apresenta a pergunta principal da pesquisa aos respondentes.

A tendência quase pavloviana dos pesquisadores qualitativos a identificar o *design* da pesquisa com entrevista deixa-os cegos em relação aos possíveis ganhos de outros tipos de dados. Isso porque é um completo engano supor que o único tópico da pesquisa qualitativa se resume a "gente".

Seale (comunicação pessoal, 2007) anotou a maneira pela qual busca contestar essa suposição tão comum:

> Eu constato que, a fim de contrabalançar a tendência no sentido de pretender realizar entrevistas, é muito útil insistir, quantas vezes necessário, no ponto de que muitos livros-texto supõem que, quando se está pretendendo fazer um estudo de pesquisa, sempre se prefere amostragens de "pessoas" (em vez de, digamos, documentos). Isso ajuda [os estudantes] a entender que todos os tipos de fenômenos podem ser estudados para fins de pesquisa social (p. ex., *design* de projetos, letras de músicas, *websites*, pequenos anúncios, etc.), e fica então claro que entrevistas não constituem a única coisa a ser feita.

Mesmo quando a opção das entrevistas é analisada cuidadosamente (por exemplo, as entrevistas dão aos pesquisadores resultados muito mais rápidos do que a observação, a qual, quando adequadamente levada a cabo, pode durar meses ou anos), muitos relatórios de pesquisas apresentam "comentários" jornalísticos ou meramente reproduzem aquilo que os respondentes afirmam, em vez de proporcionar análises detalhadas dos dados. No próximo capítulo, examinarei em maior profundidade aquilo que o método mais rigoroso de análises de dados qualitativos deveria conter.

Chegou a hora de abordar minha quarta e última pergunta: como é que tudo isso aconteceu? No Capítulo 5, pretendo discutir aquilo que chamo de Sociedade da Entrevista – o tipo de ambiente cultural que tornou as entrevistas qualitativas atraentes para os pesquisadores. Aqui pretendo apenas mencionar as correntes intelectuais que atualmente subjazem nesse processo.

O século XIX foi a era do Romantismo. Tanto na música quanto na literatura, a ênfase anterior no uso de formas convencionais, clássicas foi gradualmente substituída por um foco no mundo interior do artista. Assim, os trabalhos artísticos passaram a ser julgados, em parte, pela maneira em que proporcionavam acesso às experiências e emoções do artista. Isso significava que a apreciação, por um crítico do século XVIII, de um trabalho de Mozart como "principalmente científica" não mais fazia sentido. À medida que o século seguinte se desenrolava, embora ainda se fizessem referências ocasionais à estrutura formal dos trabalhos, passou a ser importante referir-se às emoções tanto do compositor quanto da plateia como um padrão de apreciação. Para quem viu *Amadeus* no cinema ou no teatro, seu foco na "personalidade" de Mozart poderia lembrar perfeitamente a continuada força e atração do Romantismo.

O psicólogo Kenneth Gergen destaca com muita transparência o que esse tipo de romantismo artístico significa para a maneira pela qual pensamos a respeito de cada um:

> A principal contribuição dos românticos para o conceito dominante da pessoa foi sua criação do *íntimo profundo*... a existência de um repositório de capacidades e características enraizadas no mais profundo do consciente humano. (1992: 208-209)

Gergen nos proporciona uma resposta pronta a minha pergunta sobre o "por quê?". Trata-se apenas de um curto avanço de pensar sobre o "íntimo profundo" da pessoa para dar preferência a entrevistas "de profundidade". Na verdade, assim que supomos que as pessoas têm um "íntimo profundo", fica fácil enxergar o apelo contemporâneo de uma ampla gama de formatos contemporâneos, desde as entrevistas qualitativas ao aconselhamento e outras profissões "psi", até programas de entrevistas na televisão e revistas de celebridades.

No entanto, você poderia perguntar: estarei eu realmente sugerindo que é uma ilusão sugerir que nada existe entre nossos ouvidos? Isso não seria uma contradição com nossa própria "experiência" de pensamentos e sentimentos?

Minha resposta a essas perguntas é um tanto complicada. Não, não pretendo negar que nós pensamos e sentimos. Gostaria, isto sim, de contestar a suposição um tanto precipitada de que o que acontece entre nossos ouvidos é uma questão essencialmente *privada* – até ser acessada pelas habilidades do entrevistador ou consultor de pesquisas.

Ler o que vai pela mente de outras pessoas não é, certamente, uma capacidade reservada para profissionais. Na verdade, como Harvey Sacks destaca, aprendemos a respeito da capacidade de outros lerem nossas mentes quando crianças. Às vezes, esses outros são professores, ou até mesmo, como pode nos ter sido ensinado, um Deus que tudo vê. Mais regularmente, contudo, esses outros são nossas mães. Por exemplo, quando se pergunta às crianças o que estão fazendo, elas podem ter suas respostas negadas pela própria mãe – que não estava presente – ao dizer "'não, você não estava fazendo isso', e a criança então se desmente" (Sacks, 1992a: 115). Assim, esquizofrênicos que acreditam que outros podem ler suas mentes podem estar simplesmente repetindo conversas adulto-criança.

O que dizer, então, a respeito da certamente paranoide ilusão de que outras pessoas podem, realmente, *controlar* sua mente? Sacks apresenta o caso de alguém que lhe pergunta: "Lembra daquele seu antigo carro?". Então, mesmo que o carro não faça parte alguma de sua memória, você certamente irá lembrar-se de algo semelhante. Nesse sentido, o primeiro falante realmente assumiu o controle de sua mente. Como Sacks destaca:

> "... as pessoas não gostam de pensar que outras controlam suas mentes. Isso pode não constituir uma fonte de loucura. Pode tratar-se simplesmente de uma questão de sabedoria." (1992b)2:401)

Sacks pretende mostrar-nos que, enquanto ouvintes, dependemos da capacidade de ler a mente do interlocutor a fim de elaborar a próxima ação de nós esperada. A esse respeito, mesmo questões aparentemente privadas podem ser vistas como sociais e estruturais.

Pense no caso aparentemente extremo de "lembrança". Certamente "lembrança" é algo guardado em nosso cérebro e, por isso mesmo, "privada"? Em resposta a semelhante suposição, Sacks nos convida a pensar a respeito das ocasiões em que pretendíamos acentuar determinado ponto da conversa mas o interlocutor continuou ou outro assumiu a palavra. Em semelhantes circunstâncias, não nos acontece com frequência "esquecer" o tópico que pretendíamos mencionar? Como Sacks observa: "Sempre que a pessoa perde a oportunidade de dizer o que queria, quando a oportunidade se apresenta novamente já esqueceu o que era" (1992b: 27). Nesse aspecto, a lembrança não é nada privado ou pessoal mas, "em alguma forma talvez dramática, de algo a serviço da conversa... Trata-se, neste caso, de um fenômeno de discurso pelo discurso" (1992b:27), ou, como o romancista Julian Barnes situou a questão:

> A história de nossa vida nunca é uma autobiografia, mas sempre uma novela... Nossas lembranças são apenas mais um artifício. (2000: 13)

Sacks, no entanto, tem ainda maiores choques para os românticos. Se a lembrança, a recordação, não é simplesmente uma questão privada, também não é "experiência". Uma maneira de entender isso é por meio da discussão, por Sacks, da narrativa. Ele nos revela que, quando contamos uma história (a menos que sejamos maus contadores), buscamos sempre um público para o qual essa história possa ser relevante. Na verdade, na falta de semelhante público, podemos até mesmo acabar esquecendo a história. Os narradores preferem igualmente demonstrar algum tipo de envolvimento "pessoal" nos fatos que descrevem. Assim, qualquer pessoa só tem real direito a demonstrar experiência em relação aos eventos que testemunhou e/ou que a afetam diretamente. Por exemplo, em telefonemas, eventos como terremotos são normalmente introduzidos em termos de como você sobreviveu a eles e se tornou digno de uma história a ser contada. Realmente, semelhantes eventos tendem a ser discutidos menos em termos de quando aconteceram, e mais em relação a quando conversamos pela última vez – nosso "tempo conversacional" (Sacks, 1992b: 564).

Dessa forma, comenta Sacks, procuramos transformar eventos em experiências ou em "algo para nós" (1992b: 563). Contudo, isso demonstra que contar a alguém a respeito de nossas experiências é não apenas esvaziar o que está em nosso cérebro mas também organizar uma narrativa contada a um receptor autorizado por um contador autorizado. Nesse sentido, as experiências são "coisas cuidadosamente reguladas" (Sacks, 1992a: 248).

Introduzir a noção de "regulamentação" em algo aparentemente tão pessoal quando a "experiência" é apenas uma das surpresas que Sacks tem guardadas para nós. Mais ainda, para Sacks, na vida cotidiana não podemos sequer contar com um domínio objetivo de "fatos" para equilibrar as experiências aparentemente subjetivas.

Os cientistas normalmente supõem que em primeiro lugar eles observam fatos e então buscam explicá-los. Mas, na vida diária, nós determinamos o que é um "fato" em primeiro lugar vendo se existe alguma explicação convincente a respeito. Por exemplo, os médicos legistas não podem apresentar um laudo de suicídio a menos que existam evidências de que a pessoa morta tinha alguma razão para acabar com a própria vida (Sacks, 1992a: 123). Nesse sentido, na vida diária, somente ocorrem aqueles "fatos" para os quais existe uma explicação (1992a: 121).

Qual é a importância da revelação de Sacks de que, em muitos sentidos, aquilo que ocorre entre nossos ouvidos é questão pública? Para mim, isso sugere que os pesquisadores qualitativos que impensadamente preferem usar entrevistas estão *latin-*

do para a árvore errada. Blindados por uma visão do "interior profundo" das pessoas, eles focam sem remorso em acessar o íntimo dos entrevistados em vez de observar de que maneira tornamos "experiências" e "motivos" disponíveis ao público em incontáveis contextos do seu dia a dia.

Sacks chegou a proclamar, para espanto geral, que se seus alunos estivessem realmente interessados no que ia pelo interior do cérebro das pessoas, deveriam tornar-se cirurgiões cerebrais, em vez de sociólogos! Dessa forma, acrescentou, eles acabariam descobrindo que, contra o romantismo, a única coisa que existe entre nossos ouvidos é uma aborrecida massa cinzenta.

A verdade é que existe algo bastante curioso no fato de pesquisadores proporcionarem comentários sobre o que as pessoas lhes dizem em entrevistas. Afinal de contas, ser um membro competente da sociedade significa que você pode achar sentido naquilo que estranhos lhe dizem sem precisar para tanto da ajuda de um pesquisador. Para tornar essa situação ainda mais bizarra, Sacks inventa um dispositivo que chama de *Máquina do Comentarista*. Ele nos conta que essa máquina hipotética poderia ser descrita por um leigo nos seguintes termos:

> Ela tem duas partes; uma delas engajada na realização de algumas tarefas, e a outra, em perfeita sincronia, narrando o que a primeira faz... Por uma questão de bom senso, a máquina poderia ser chamada de "máquina do comentarista", com as partes "do fazer" e as partes "do falar". (1963: 5)

Para um pesquisador versado na língua nativa, a parte "do falar" da máquina pode vir a ser analisada como uma descrição boa, pobre ou irônica do verdadeiro funcionamento da máquina (p. 5-6). Contudo, Sacks destaca que essa explicação sociológica compensa dois tipos de sabedoria inexplicada:

(a) conhecer, em comum com a máquina, a linguagem que ela emite e
(b) conhecer, em alguma linguagem, aquilo que a máquina faz. (p. 6)

Ocorre que conhecer "o que a máquina faz" depende, em última análise, de um conjunto de suposições pré-científicas, baseadas no bom senso, a partir de linguagem do dia-a-dia, e empregada para distinguir "fatos" de "fantasias". Disso deriva que nossa capacidade de "descrever a vida social", seja como leigos ou como sociólogos, "é um acontecimento" que deveria ser apropriadamente a "função da sociologia" (p. 7) de *descrever* em vez de tacitamente *usar*.

Respondi à quarta pergunta usando o relato de Sacks sobre uma maluca "máquina do comentarista" para mostrar a que ponto os pesquisadores qualitativos têm sua visão limitada quando, sem pensar, optam pela utilização de entrevistas para responder às perguntas de sua pesquisa. Eu poderia igualmente agregar que esta é uma questão circular, uma vez que perguntas de pesquisas são muitas vezes esquematizadas pelo emprego de categorias como "experiência", que condicionam a coleta de dados com tais métodos (errados) "em profundidade".

A insistência de Sacks quanto à prioridade de descrever o "procedimento empregado para a montagem de *cases* da espécie" de todos os dias estabelece uma distinção radical entre sua posição e aquela dos pesquisadores contemporâneos românticos. Assim, quando Linstead e Thomas identificam "culpa paradoxal" e "preocupação sincera" no relato de Wayne sobre seu cargo, estão trabalhando com o que Sacks chama de "categorias não definidas". Como Sacks afirma:

> Empregar uma categoria não definida é escrever descrições da forma como aparecem em livros infantis. Entremeadas com séries de palavras, aparecem imagens de objetos. (1963:7)

Para Sacks, inúmeros sociólogos se limitam simplesmente a "apontar" para objetos familiares (aquilo que os filósofos chamam de definições "ostensivas"). Com isso eles conseguem fazer um relato daquilo que a "máquina do comentarista" de Sacks está "fazendo" ao invocar "aquilo que todo mundo conhece" sobre como são as coisas na sociedade – usando o que Garfinkel (1967) refere como o "princípio do etcétera" – com base em tratar algumas características como indicadores do restante para qualquer pessoa razoável. Eles com isso simulam oferecer uma descrição "literal" do fenômeno que esconde sua "negligência em relação a algum conjunto indeterminado de características" (Sacks, 1963: 13).

Negligência como essa não pode ser consertada, ao contrário do que alguns pesquisadores asseguram, com a montagem de painéis de julgadores para avaliar se eles veem a mesma coisa (p. ex., um acordo intercodificação como base para garantir que o comentário de Linstead e Thomas sobre a narrativa de Wayne é confiável). Semelhante acordo não garante solução alguma porque simplesmente provoca perguntas adicionais sobre a *capacidade* dos membros da sociedade de distinguir coisas em comum – presumivelmente pela utilização do princípio do "etcétera" como um recurso tácito (ver Clavarino, Najman e Silverman, 1995).

O problema, para Sacks, é como construir uma ciência social mais efetiva. De alguma forma, precisamos libertar-nos daquela "perspectiva do senso somum" (1963: 10-11) empregada quando usamos as "categorias indefinidas". Para Sacks, a solução está em ver tais categorias "como aspectos da vida social que a sociologia precisa tratar como matéria de estudos", em vez de "como recursos sociológicos" (p. 16).

O que parece ser uma complicada solução teórica acaba, no entanto, por envolver um rumo extremamente direto para a pesquisa. Precisamos desistir de definir fenômeno social como o princípio (como a definição inicial de Durkheim de "suicídio") ou através dos relatos que os sujeitos das pesquisas fornecem sobre seu comportamento (a "máquina do comentarista" de Sacks). Em vez disso, precisamos simplesmente focar naquilo que as pessoas *fazem*. Como Sacks define este ponto:

> ... tudo aquilo que os humanos fazem pode ser examinado para descobrir alguma forma pela qual o fazem, e essa forma precisa ser narrável. (1992a: 484)

Sacks admite que semelhante tipo de pesquisa pode parecer "enormemente trabalhosa" (1992a: 65). Ainda assim, rejeita os argumentos de que isso seria trivial. Você precisa apenas observar consistentemente a capacidade tanto de leigos quanto de pesquisadores convencionais para encontrar significados identificáveis em situações a fim de dar-se conta de que existe alguma ordem social mesmo na mais simples atividade. A concretização desta "ordem em todos os pontos" (1992a: 484) constitui, assim, o novo e excitante tópico para a pesquisa social.

Começando pela observabilidade da "ordem em todos os pontos", nossa primeira tarefa seria inspecionar as

> Coleções de objetos sociais – similares a "Como você se sente?" – que as pessoas reúnem para realizar suas atividades. E a forma como eles ordenam tais atividades é descritível com respeito a qualquer uma das atividades que eles porventura realizem. (1992a: 27)

Até aqui, tenho recorrido aos brilhantes *insights* de Sacks para dar sustentação a minha crítica do uso simplista dos dados de entrevistas. Sacks, mesmo assim, encontra elementos positivos sobre o que podemos aprender pela observação. Algumas de suas ideias estão esboçadas nos exemplos a seguir.

Sacks e a observação da vida rotineira

Tomemos o exemplo do convívio social. A facilidade que certas pessoas têm para iniciar conversações com estranhos atraentes é, certamente, algo que nos deixa intrigados. E a verdade é que livros com títulos do tipo COMO FAZER AMIGOS normalmente vendem muito bem. Qual seria o segredo em torno de tudo isso?

Você alguma vez passou pela experiência de dizer "como vai?" para um estranho e ser ignorado? O problema está em que uma saudação desse tipo implica que você conheça a pessoa a quem se dirige, e por isso mesmo tenha, para começar, o direito de usar semelhante informalidade (1992a: 103). Daí se infere que um estranho não precisa corresponder a semelhante saudação.

Como diz Sacks, uma solução para esse problema consiste em se dirigir a um estranho com perguntas como:

"Não conheço você de algum lugar?"
"Não fomos apresentados em tal-e-tal lugar?"
"Você não é fulano de tal?" 1992a: 103)

A vantagem da utilização da saudação em forma de pergunta é que ela normalmente vai obter uma resposta. Isso porque não responder a uma pergunta dessas, mesmo ao desconfiar-se de seus motivos, é algo que dificilmente acontece. Mais ainda, tendo obtido uma resposta, quem fez a pergunta estará autorizado a fazer outra pergunta. Dessa forma, acabam surgindo conversações.

Tudo isso significa que perguntas podem constituir um instrumento efetivo de "largada". Na verdade, no exercício em que Sacks pediu aos componentes da classe para proporcionarem exemplos de situações capazes de dar início a conversações com membros do sexo oposto, cerca de 90% dos consultados optaram por perguntas (1992a: 49).

Entre tais perguntas, pedidos rotineiros são um instrumento especialmente poderoso de partida. Além da obrigação de proporcionar resposta a tais perguntas, existe a expectativa de que não devemos ser rudes além da conta em relação a qualquer estranho que nos faça uma pergunta/pedido sobre um assunto tão trivial quanto, digamos, a hora. Mais ainda, quem faz a pergunta sabe que irá receber uma resposta padronizada, breve, e assim poderá ficar em condições de apresentar logo uma nova pergunta, esta, sim, capaz de dar início a uma conversação mais substancial. Exemplo:

P: A que horas chega o avião?
R: Às 7h15min.
P: Você também está viajando para San Francisco? (1992a: 103)

Então, perguntas podem constituir um bom instrumento de largada quando você estiver em situação de proximidade física em relação a um estranho. A situação fica, no entanto, mais complicada quando a pessoa pela qual você se interessa é parte de um grupo maior que participa com você de uma conversação múltipla. Nessa situação, pergunta Sacks, como é que as pessoas devem agir a fim de estabelecer o cenário para uma conversa entre apenas duas pessoas?

Uma possibilidade é perguntar ao grupo se alguém se interessa por uma bebida, ir buscá-la e na volta sentar-se perto da pessoa que é o alvo especial de sua atenção (Sacks 1992b: 130). Dessa forma, pode estar sendo criada a situação "territorial" adequada. As alternativas são esperar até que todas as outras pessoas integrantes do grupo se retirem, menos aquela com quem se deseja falar, ou, mais concretamente, se houver música ambiente, convidar aquela pessoa para dançar (p. 131). Na verdade, a instituição da dança pode ser vista como uma bela solução para o problema de transformar conversação multivariada em conversa a dois (mesmo que o barulho imperante nos clubes modernos venha a limitar esta possibilidade).

Espero que o leitor concorde comigo que esses exemplos são fascinantes. Contudo, admito que se possa ter outra visão: a de compreensivelmente questionar qual seria a relevância de todas essas situações em função das "grandes" questões que dominam a sociedade. Apesar de toda a minha crítica ao ensaio de Linstead e Thomas, você poderia dizer, pelo menos eles lidam com aspectos importantes da vida moderna, como a interminável disputa por um bom emprego. Ao mudar o foco de nosso olhar das entrevistas para a observação, não estaremos correndo o risco de estreitá-lo para as minúcias das "largadas"?

Com precisão, Sacks nos mostra como uma detalhada atenção à linguagem que usamos se relaciona com questões políticas bem mais amplas, do que a maneira pela qual as pessoas se apresentam. Vejamos os métodos usados pelos racistas para relacionar o "mal" ao trabalho de pessoas com determinadas identidades (por exemplo, católicos, judeus, negros, muçulmanos). Ninguém simplesmente "cabe" em determinadas categorias, nós é que, em vez disso, identificamos as pessoas escolhendo uma dentre as muitas categorias que poderiam ser usadas para descrevê-las. Disso se infere que:

> o que é sabido a respeito dessa categoria é sabido a respeito de todas essas pessoas, e o destino de cada uma delas está atado ao destino da outra... (assim) se um dos membros faz algo como estuprar uma mulher branca, cometer fraude econômica, andar pela rua em excesso de velocidade, etc., então isso passará a ser visto como o que um membro de uma determinada categoria faz, e não como uma determinada pessoa, plenamente identificada, fez. E o resto delas terá de pagar por isso. (Sacks 1979: 13)

As observações de Sacks não apenas nos dão uma base muito útil para apreciar a maneira pela qual o racismo funciona, como também nos proporcionam uma forma de descrever um aspecto de outra "grande" questão – a mudança social. Para Sacks, uma maneira pela qual poderíamos identificar a mudança social seria pela notação de "mudanças nas propriedades de categorias usadas na linguagem do dia-a-dia, e na maneira pela qual tais categorias foram na verdade aplicadas" (1979: 14). Por exemplo, desde 11 de setembro de 2001, a maneira pela qual viu-se transformada a utilização da categoria "muçulmanos".

Assim, Sacks pode nos proporcionar uma compreensão sobre questões "aparentemente" importantes como racismo ou mudanças sociais. No entanto, precisamos ter cuidado aqui, porque Sacks rejeitou "a noção de que você poderia definir de imediato a importância de alguma coisa" (1992a: 28). Ele usa o caso da biologia para mostrar de que forma o estudo de um objeto aparentemente menor ("uma bactéria") pode acabar revolucionando nosso conhecimento. Por que supor, por exemplo, que seja indispensável observar estados e revoluções, quando, como Sacks demonstra, algum objeto aparentemente ínfimo como uma pergunta a um desconhecido "pode proporcionar um imenso entendimento da maneira pela qual os seres humanos fazem as coisas e os tipos de objetos que usam para construir e ordenar seus assuntos" (p. 28)?

Esses exemplos ampliados, extraídos das vanguardistas conferências de Sacks, 40 anos atrás, ilustram o que os pesquisadores qualitativos podem aprender a respeito do mundo sem precisar, para tanto, entrevistar pessoa alguma. Eles sugerem que, todas as coisas sendo iguais, não temos a menor necessidade de "fabricar" dados e deveríamos preferir examinar aquilo que chamei de dados "descobertos".

Até aqui, tem havido um tratamento muito parcial do debate sobre a maneira pela qual a pesquisa qualitativa deveria ser adequadamente conduzida. Na verdade, sou às vezes – equivocadamente – acusado de ser "antientrevista".

Por isso, agora pretendo moderar o tratamento, e enfrentar o debate de uma maneira mais equilibrada, levando em consideração os argumentos contrários apresentados pelos críticos. Em assim fazendo, vou substituir o termo um tanto inexpressivo "dado descoberto" pela descrição mais comumente usada de "dados naturalmente ocorrentes" a fim de denotar material que parece surgir sem que um pesquisador faça uma entrevista direta ou proporcione algum tipo de estímulo a um grupo de respondentes.

O restante deste capítulo será então dedicado às respostas a um conjunto de perguntas que emergem da posição que até aqui venho assumindo:

- Quais são os argumentos básicos para a preferência por dados de ocorrência natural?
- Quais são as limitações desta argumentação?
- Existe alguma maneira de avançar que reúna os (bons) argumentos de ambas as partes?

Por que o material de ocorrência natural é especial

Esta será uma seção relativamente curta, que servirá para recapitular aquilo que venho afirmando até agora pela ligação do trabalho pioneiro de Sacks aos argumentos de alguns pesquisadores contemporâneos. Como já pudemos ver, Sacks insinuava que, quando os pesquisadores apresentam comentários sobre declarações de entrevistados, eles tendem a usar categorias de senso comum ou orientadas puramente para a pesquisa.

É evidente que os pesquisadores conseguem evitar esse problema pela simples realização de uma "análise de conteúdo" que irá identificar as próprias categorias dos respondentes e quantificar com qual frequência eles as utilizam. Infelizmente, existem duas razões pelas quais não existe solução real para o problema levantado por Sacks. Em primeiro lugar, quando um entrevistado usa uma determinada categoria (p.ex., as referências de Wayne a "sustentar" e "ir em frente"), não se pode saber com certeza absoluta se ele usaria também semelhante categoria fora do contexto da entrevista. O que sabemos por pesquisadores como Holstein e Gubrium (1995) e Rapley (2004) é que os entrevistados acabam formatando suas categorias a partir das categorias (p.ex., "conte-me sua história") e atividades (p.ex., "bem, digamos que...") dos entrevistadores.

Em segundo lugar, quando as categorias são utilizadas em determinados contextos, em vez de simplesmente pelo fato de sua extração das ideias das pessoas, nenhum método que usarmos (de análise de conteúdo) poderá transformar aquilo que os entrevistados dizem em outra coisa que não seja uma categoria usada em um determinado ponto em alguma entrevista. Disso se infere que, se estivermos em instituições por motivos outros que não simplesmente as entrevistas, nosso primeiro pensamento deveria voltar-se para estudar as instituições em sua totalidade. Como Sacks afirma, isso significa "tentar encontrar [categorias] nas atividades em que são empregadas" (1992a: 27).

Os argumentos de Sacks têm sido praticamente ignorados pela maioria dos pesquisadores qualitativos. É um erro, no entanto, supor que isso signifique que Sacks (e eu próprio) esteja totalmente esquecido. Em especial, alguns influentes etnógrafos contemporâneos contestam a suposição convencional, derivada dos primeiros trabalhos de Howard Becker, segundo a qual as entrevistas dão-nos acesso direto às percepções das pessoas, e que o papel da observação consiste simplesmente em definir se tais percepções e significados estão ou não "distorcidos" (Becker e Geer, 1970).

Ao contrário de Becker, os etnógrafos mais recentes nem sempre concordam que as entrevistas devam ter um papel significativo na pesquisa de campo. Por exemplo, em um livro dedicado à elaboração de notas de campo etnográficas, encontramos o seguinte comentário destacado:

> ... etnógrafos coletam material relevante para os significados dos membros ao focar em... interações naturais, situadas, em que significados locais são criados e mantidos... Assim, a entrevista, entrevistar, e especialmente perguntar aos membros diretamente o que determinados termos significam para eles ou qual é a importância ou significado para eles, *não* constituem a ferramenta principal para extrair os significados desses membros. (Emerson *et al.*, 1995: 140)

Ocasionalmente, os pesquisadores, via entrevistas, poderão aceitar o ponto de vista de Emerson e colaboradores, sempre, porém, apresentando uma objeção derivada da prática. Eles argumentam que, ainda que os dados obtidos em entrevistas possam levantar aqueles problemas de interpretação aos quais venho fazendo alusão, nós seguidamente, por força das circunstâncias, precisamos entrevistar simplesmente por não conseguirmos acesso à "interação localizada de ocorrência natural" citada por Emerson e colaboradores.

Por exemplo, digamos que você está interessado na "família". Certamente será difícil obter acesso às residências das pessoas a fim de entender sua vida familiar, correto?

Minha resposta a isso é que a provável indisponibilidade de dados – que a situação supõe – é na verdade uma gigantesca manobra para desviar atenções. Em um ensaio sobre questões metodológicas em estudos sobre famílias, Gubrium e Holstein (1987) demonstraram a intensidade com que o trabalho sociológico supõe que a "vida familiar" esteja adequadamente demonstrada em seu hábitat "natural" – o lar, a residência. Contudo, isso envolve um bom número de suposições corriqueiras, como as famílias têm faces "internas" e "externas" (com o lado "interno", claro, localizado na residência) e que fora das residências tudo o que conseguimos obter é apenas uma "versão" dessa "realidade primordial".

De modo oposto, os críticos argumentam que a "família" não representa um fenômeno uniforme, a ser encontrado em um cenário, mas que é "ocasionado" e "contextualizado". "Família" é uma forma de interpretar, representar e ordenar as relações sociais. Isso significa que a família não é privada, mas, sim, inseparavelmente relacionada com a vida pública. Assim, a residência não centraliza a vida familiar. Em vez disso, a "família" poderá ser encontrada em qualquer lugar em que estiver representada.

Dessa forma, os estudos sobre a família não precisam estar baseados nem na obtenção de acesso às residências nem em entrevistas com seus membros. Isso porque a "família" não é simplesmente algum objeto estável, unitário. Assim, se você estiver interessado na família, simplesmente estude sempre que essa instituição for invocada. Se não conseguir acesso a uma residência (ou não estiver disposto a tanto), tente os tribunais, os serviços de penas condicionais, clínicas pediátricas, histórias de jornais e colunas de aconselhamento, entre outros similares.

A opção de Gubrium e Holstein em relação aos estudos sobre a família cabe perfeitamente na abordagem de Sacks, ao mesmo tempo em que abre um número de fascinantes áreas nesse campo. Uma vez que tenhamos concebido a "família" em termos de conjunto pesquisável de práticas descritivas, somos liberados do pesadelo ético e metodológico de obter acesso a estudar famílias "como são na realidade", isto é, em suas residências.

Questões de localização de residência e acesso privilegiado passam a ser redefinidas como tópicos, em vez de problemas – por exemplo, poderíamos estudar as exigências que os profissionais fazem em busca de tal acesso. Isso acentua a questão de Gubrium e Holstein no sentido de que o conhecimento da família nunca é puramente privado. Mesmo em entrevistas, membros da família acabarão apelando a representações coletivas (como máximas e a descrição das famílias em novelas) para explicar seu próprio comportamento. Os membros da família também apresentam a "realidade" da vida familiar em formas diferentes a plateias diferentes, e em formas diferentes a uma mesma plateia.

Gubrium e Holstein têm, naturalmente, argumentos aplicáveis muito além dos estudos familiares. Eles mostram que quaisquer que sejam os tipos de instituições pesquisadas, a falta de acesso não deve nos levar a concluir que as entrevistas representam a única maneira de avançar na questão.

Acompanhando Sacks, podemos levar esse argumento ainda mais longe do que Emerson ou Gubrium, ou mesmo Holstein, provavelmente estariam dispostos a avançar. Veja-se a posição de Jonathan Potter neste debate. Potter (1996, 2002) criticou fortemente os pesquisadores que usam sua própria abordagem (análise do discurso) por dependerem exageradamente de dados de entrevistas, e inclusive se manifestou pela utilização de um número maior de dados decorrentes de atos naturais. Acompanhando de perto meu conceito dos dados "fabricados", ele mostra que entrevistas, experimentos, grupos de foco e questionários de pesquisa são, todos, "concebidos pelo pesquisador". Em lugar disso, ele propõe aquilo que chama, com humor, de *O Teste do Cientista Social Morto*. E assim o descreve:

> O teste diz respeito a saber se a interação teria acontecido na forma que ocorreu se o pesquisador não tivesse nascido, ou se tivesse sido atropelado, a caminho da universidade, exatamente na manhã daquele dia. (Potter, 1996: 135)

O teste de Potter é um instrumento útil para fazer perguntas no estágio inicial do *design* da pesquisa. Contudo, até que ponto podemos desenvolvê-lo? Estarei (e Potter também) dizendo que entrevistas e assemelhados são sempre proibidos para pesquisadores qualitativos qualificados? A fim de responder a isso, preciso chegar aos limites dessa posição extremada.

Algumas limitações ao argumento: Por que os dados fabricados não podem ser sempre inteiramente proibidos

Tenho absoluta consciência de que boa parte deste capítulo pode parecer-se, até aqui, com o discurso de um polemista

Capítulo 2 • Sobre Descobrir e Fabricar Dados Qualitativos

que procura estabelecer uma lei sobre aquilo que constitui pesquisa "boa" ou "ruim". Por isso devo asseverar, uma vez mais, que, em consonância com o objetivo desta série, aquilo que você está lendo representa apenas minhas opiniões, e que não seria surpresa o fato de muitos bons pesquisadores qualitativos estarem compartilhando de parte ou do total de meus argumentos.

Contudo, mesmo neste contexto, o equilíbrio editorial nunca é nocivo. E por isso, sem retirar uma linha sequer daquilo que até aqui escrevi, pretendo agora mostrar que existe um bom número de motivos pelos quais não deveríamos levar o indubitável apelo dos dados decorrentes de fatos naturais longe demais. Como irei argumentar:

- Não existe qualquer tipo de dado que se possa considerar intrinsecamente insatisfatório
- Nenhum dado pode ser considerado "intocado pelas mãos do pesquisador"
- Polaridades como a dos fatos de ocorrência natural *versus* dados fabricados raramente servem de ajuda quando levadas ao extremo
- Aparentemente, dados de "boa qualidade" não são garantia de pesquisa de "boa qualidade"
- Tudo depende, em última análise, da maneira pela qual se analisam os dados, e não da fonte desses dados

Nenhum dado é intrinsecamente insatisfatório. Isso reitera um dos poucos princípios em torno dos quais todos os pesquisadores experientes conseguem entrar em acordo. Não existem dados "bons" ou "ruins". Na avaliação do valor de qualquer fonte de dados, tudo depende daquilo que se pretende fazer com eles e também da pergunta da pesquisa que se faz a respeito. Por exemplo, como Patrick Brindle bem observou (comunicação pessoal, 2007), como poderemos estudar a história social de eventos passados mas de memória ainda vívida sem recorrer às entrevistas?

Uma abordagem assim tão pragmática para trabalhar os dados é reforçada pelos comentários críticos feitos por Clive Seale na oportunidade em que leu um primeiro esboço do presente capítulo:

Não é verdade que nos tempos medievais (i.e., antes do movimento romântico) quem pretendesse descobrir alguma coisa (p.ex., as pessoas que elaboraram o livro do Apocalipse) saía a campo e passava a pedir relatórios aos conhecidos? Sentimos que Booth, em sua pesquisa sobre a pobreza em Londres, era um "romântico" pelo fato de confiar nos relatos dos respondentes, em vez de em observações? Não é verdade que as entrevistas qualitativas convencionais estão sempre procurando penetrar no mais íntimo do ser humano, em vez de simplesmente pedir a essa mesma pessoa um relato sobre algo que viu, ouviu, fez, etc.? Quem sabe as pessoas pensem em entrevistas em primeiro lugar motivadas por razões muito pragmáticas, triviais: porque é desta forma que qualquer um procura informar-se sobre experiências a respeito das quais não tem conhecimento: mediante perguntas a algumas pessoas que passaram por essas experiências. (Seale, comunicação pessoal, 2007)

A abordagem pragmática de Seale é ilustrada pela forma que levou Tim Rapley (2004) a optar pelo trabalho com dados de entrevistas. Rapley usa análise de conversas e discursos – uma posição teórica derivada de Sacks e Potter. Isso poderia indicar a desautorização daquilo que eu chamei de dados "fabricados". Contudo, o tópico de Rapley, em sua pesquisa para o doutorado, foi precisamente a maneira pela qual identidades acabam sendo produzidas em entrevistas de pesquisas. A partir daí, ele não apenas trabalha com dados de entrevistas, como na verdade toma emprestados esses dados de um estudo alheio. Ainda assim, essa utilização de dados fabricados (de segundo grau) viu-se plenamente justificada pelo tópico de sua pesquisa. Na verdade, mesmo Jonathan Potter usou recentemente dados fabricados de grupos de focos exatamente pelo mesmo motivo (Puchta e Potter, 1999).

Nenhum dado é "intocado pelas mãos do pesquisador". Como observei anteriormente neste capítulo, não seria a ideia dos "dados fabricados" de alguma forma escorregadia? Ela não assume uma perigosa polaridade entre o que é "natural" e o que é "não natural" ou "artificial"? Mesmo quando pensamos que não estamos "intervindo" no campo (p.ex., ao impor perguntas a sujeitos de pesquisa), nossos dados não conseguem ser inteiramente "naturais", uma vez que mediados pela presença de nosso equipamento de gravação e pelo processo de obtenção do consentimento informado, como exigido pelos padrões éticos contemporâneos. Nesse caso, como Susan Speer corretamente observa, o que acontece com o Teste do Cientista Morto? (2002: 516)

Polaridades costumam ser inúteis em pesquisa. Batizei a oposição entre dados "fabricados" e de "ocorrência natural" de "oposição polar", isto é, que supõe que você tenha de escolher um polo ou seu oposto. Contudo, é normalmente coisa de bom senso que tais polaridades trabalhem melhor na sala de conferências do que na pesquisa prática. Falando em termos gerais, a ciência social deveria investigar tais polaridades, em vez de usá-las. Por exemplo, como demonstrado por antropólogos como Mary Douglas, precisamos investigar de que maneira grupos diferentes distinguem entre o que é "natural" e "artificial" para eles.

Dados de "boa qualidade" não garantem uma pesquisa de "boa qualidade". Gravar vídeos de pessoas envolvidas em suas atividades rotineiras pode parecer estar no outro extremo do contínuo de apresentar perguntas a um respondente a quem se solicita assumir a identidade de um entrevistado. Contudo, é arriscado supor que usar o primeiro tipo de material garanta pesquisa de alta qualidade. Não apenas surgem sempre aquelas questões técnicas (qual equipamento de gravação você utiliza e onde você o coloca), como seus dados em vídeo jamais irão falar por si. Em vez disso, você precisará abrir seu caminho através de um bom número de complicados problemas: Como irá transcrever e analisar seus vídeos? Fará uso deles simplesmente como exemplos ilustrativos ou tentará ser mais sistemático (e, se for essa a intenção, de que maneira irá concretizá-la)?

Mesmo se você se mantiver apenas observando, será necessário encontrar alguma forma de registrar suas observações. Apesar da atenção dos etnógrafos à lógica de escrever suas notas de campo (ver Emerson *et al.*, 1995), a maioria não enfrenta por inteiro o caráter problemático de como descrevemos nossas observações. Em seus termos mais simples, isso diz respeito a quais categorias usamos. Conforme Sacks:

> Suponha que você é um antropólogo ou sociólogo parado em algum lugar. Você então observa alguém fazer alguma coisa, e entende que ali existe uma atividade digna de registro. Como você poderá então agir para elaborar quem realizou aquela ação, a fim de que isso se torne adequado aos objetivos de seu relatório? Você consegue pelo menos concretizar o que, no caso, seria a mais conservadora das formulações – conseguir o nome daquela pessoa? (1992a: 467)

Como Sacks sugere, esse problema aparentemente trivial é algo que na verdade não conseguimos resolver com o uso da melhor técnica, como anotações detalhadas. Em vez disso, é uma situação que faz emergir questões analíticas:

> O problema da estratégia... pode se revelar algo não facilmente manejável com a realização das melhores anotações possíveis na hora, deixando para tomar mais tarde as decisões disso dependentes. Por um lado, existe a questão de quando se trata para os Membros decidir quando se revelará quem foi o autor da ação. (p. 468)

Na verdade, muitos etnógrafos contemporâneos, agora ajudados por avançados pacotes de *software*, ignoram esse problema. Da forma sugerida por Sacks, eles simplesmente colocam o assunto em algum conjunto de categorias derivado da utilização por leigos (p. 629). Agindo dessa maneira, não ficamos mais abastecidos de conhecimentos sobre como, *in situ*, categorias são naturalmente desenvolvidas e estabelecidas, nem sobre como violações no uso de categorias são mesmo reconhecidas (p. 635-636).

Tudo depende da maneira pela qual analisamos os dados. Ainda que em muitos sentidos não seja possível existir dados "ruins", é verdadeira a possibilidade de surgir uma análise errada dos dados. Semelhantes falhas podem emergir, por exemplo, quando focamos em apenas um extrato de entrevista, sem analisar sua posição em uma conversação ou sem compará-lo com outros extratos que poderiam contar uma história diferente. Uma falha mais relevante em meu argumento atual ocorre quando tratamos o que as pessoas dizem em entrevistas (ou em outras circunstâncias) como sendo capaz de proporcionar um quadro simples de suas mentes. Mas isso não precisa ocorrer necessariamente dessa forma. De acordo com Sacks, podemos tratar o que as pessoas dizem como sendo um relato que se posiciona em um determinado contexto (p.ex., como alguém respondendo às perguntas de um entrevistador e/ou como uma pessoa proclamando uma determinada identidade, por exemplo, como "membro da família", "empregado", "gerente", etc.). Aqui o pesquisador está vendo o que as pessoas dizem como uma *atividade* à espera de análise, e não como um *quadro* na expectativa de um comentário.

Esse debate mostra que, como Clive Seale destacou, muito depende dos méritos que cada um atribui à própria análise. Segundo Seale:

> Entrevistas podem ser tratadas como um "recurso", em vez de um tópico, pelo menos enquanto os pesquisadores estiverem conscientes do problema de confiar no relato de um terceiro, que muitas vezes tem interesses especiais ao apresentar uma determinada versão. Se estes forem levados em conta quando da elaboração de (cautelosas) conclusões, então não consigo ver por que alguém não iria fazer a mesma coisa com os entrevistadores. (Seale, comunicação pessoal, 2007)

Se você for além de Seale e tratar as conversas de entrevistas como um tópico, então tanto as entrevistas como as fitas poderão ser estudadas como rumos de ação. Na verdade, a distinção entre a entrevista e a observação depende de uma separação não examinada entre "pensar" e "agir" (Atkinson e Coffey, 2002: 813).

Tudo isso parece sugerir que esse debate tenha sido inútil, ou, na melhor das hipóteses, útil tão-somente para iluminar sua mente a respeito de uma perigosa polaridade. Contudo, eu jamais teria desperdiçado seu tempo se acreditasse que isso pudesse ocorrer como antes descrito. Na verdade, acredito que esse debate tenha despertado uma variedade de questões que são centrais para a condução da pesquisa qualitativa. Portanto, pretendo concluir este capítulo com a sugestão de um modesto caminho para o avanço.

Um caminho à frente

A presente seção se nutre aberta e orgulhosamente de uma discussão muito útil das questões abordadas na publicação especializada *Discourse Studies* (2002), com base em um artigo de Susan Speer com respostas de, entre outras personalidades, Jonathan Potter. Embora Speer comece questionando a polaridade entre os dados de ocorrência natural e os fabricados, e Potter faça o mesmo apoiando essa polaridade, ambos concluem admitindo que, no final das contas, tudo se volta para seu tópico de pesquisa, em vez de para a questão de optar por um dos lados dessa polaridade.

Por exemplo, embora Speer se mostre pouco à vontade com a suposição de que exista mesmo algo como "dados de ocorrência natural", ela reconhece que pesquisas à base de entrevistas ou outros métodos "fabricados", ou artificiais, de coleta de dados podem não constituir a melhor maneira de pesquisar determinados tópicos. Assim, se você pretender estudar, digamos, de que maneira uma consultoria/aconselhamento é realizada, por que buscar relatórios retrospectivos de clientes ou profissionais, ou usar um estudo de laboratório? Da mesma forma, quando você está estudando gêneros, ela (Speer) destaca que deveria acautelar-se contra a possibilidade de basear sua pesquisa em entrevistas nas quais os respondentes são solicitados a comentar questões relativas aos gêneros. Como ela observa, é muito mais provável que se venha a reunir dados confiáveis pelo estudo da maneira pela qual as pessoas exercem o *gênero* no mundo real em ambientes do dia-a-dia, isto é, em reuniões, mensagens de *e-mail*, etc. (Speer, 2002: 519-520).

Speer nos proporciona igualmente uma segunda maneira de levar o debate adiante. Em vez de estabelecer uma distinção rígida entre dados fabricados e de ocorrência natural, ela sugere que nos dediquemos a examinar simplesmente até que ponto qualquer cenário de pesquisa é *consequencial* para um dado tópico de pesquisa.

Por exemplo, em um estudo de laboratório citado por Schegloff (1991: 54), impuseram-se limitações quanto a quem poderia falar. Isso tornou o cenário da pesquisa consequencial para seu tópico de "autorremédio" e limitou suas conclusões. Sem semelhantes limitações, o estudo teria sido correto.

Um segundo exemplo é o de um estudo que revisei para uma publicação especializada. Seu tópico era o humor nas consultas de câncer dos testículos. Os dados eram derivados de entrevistas com pacientes. Mais ainda, havia certas evidências de que os pacientes haviam sido questionados diretamente a respeito da utilização de piadas em suas consultas. Como sugeri anteriormente (e também como Speer destaca em relação à pesquisa sobre gêneros), semelhantes perguntas diretas irão influenciar as respostas das pessoas, e são, não comumente, uma maneira útil de investigar um fenômeno.

Meu exemplo final de como o cenário da pesquisa pode afetar a confiabilidade dos dados é o estudo sobre o humor feito por Drew (1989). O uso que ele fez de uma videocâmera poderia ter sido consequencial se, digamos, Drew estivesse preocupado com a frequência do riso. Contudo, o foco desse estudo estava na maneira como se fazem as piadas, e ele argumentou que a presença da câmera era irrelevante.

Em todos esses casos, a questão, como Schegloff (1991) a situou, está em determinar se o cenário da pesquisa era *processualmente consequencial*, isto é, se a maneira pela qual os dados eram reunidos podia pesar sobre sua credibilidade. Isso exige que os pesquisadores compareçam e comprovem que calcularam até que ponto suas constatações poderiam ser simplesmente um efeito de sua opção por métodos. Nesse sentido, uma preocupação a respeito de superar a "consequencialidade processual" é mais importante do que o lado da polaridade natural/fabricado em que seus dados estiverem situados.

Conclusões

Como consequência do trabalho de pesquisadores influenciados por Sacks, bem como de etnógrafos linguisticamente orientados, um novo programa começa a assumir maior importância na pesquisa qualitativa. Em vez de buscar evitar "vieses", recorrendo ao uso de instrumentos de pesquisa "neutros" ou "objetivos", esse programa trata todos os contextos da pesquisa como ocasiões perfeitamente sociais, de interação (Speer, 2002). Em vista dessa posição, segue-se que a inexistência de fontes de dados para tais pesquisadores constitui aqueles contextos que os membros da sociedade comumente montam para seu próprio uso. Confrontados com a ubiquidade e a complexidade de tais contextos, por que iria algum pesquisador buscar criar um cenário especial de pesquisa com a finalidade de estudar a maneira pela qual as pessoas interagem? Para aqueles que argumentam com a dificuldade de acessar as práticas de alguns membros, podemos até mesmo concordar, sempre, porém, destacando que semelhante indisponibilidade é apenas aparente e baseada em suposições corriqueiras sobre aonde os fenômenos (p. ex., "a família") devem ser localizados.

Ainda assim, apesar desses persuasivos argumentos, cenários "artificiais" de pesquisas, entre os quais entrevistas e grupos de foco, tornaram-se predominantes na pesquisa qualitativa, e até mesmo os etnógrafos sentem-se compelidos a combinar e testar suas observações por meio de perguntas a informantes.

À luz do recente debate em *Discourse Studies*, reavaliei o valor do conceito dos dados "de ocorrência natural" e sua relevância para o programa da pesquisa qualitativa. É claro que, como em qualquer pesquisa, a escolha dos dados deve, em parte, depender do problema a ser pesquisado. Igualmente, não restam dúvidas de que todas as polaridades devem ser investigadas – sobretudo quando, como ocorre aqui, envolverem um apelo à "natureza". O tom moderado que recentemente lancei no debate não deveria servir para esconder os fortes impulsos que obtive a partir de minha própria experiência em pesquisa. Isso me ensina que, sendo tudo o mais constante, é certamente um bom enredo (e também um auxílio para a imaginação preguiçosa) começar um projeto de pesquisa a partir de um bom exame dos dados de ocorrência natural. Embora regras imutáveis raramente constituam uma boa ideia em pesquisa, essa regra tem funcionado adequadamente para mim e para muitos de meus discípulos. E vou explicar o motivo dessa convicção.

Harvey Sacks costumava lembrar a seus discípulos que nossas intuições raramente constituem um bom guia de como as pessoas agem na vida real. Não podemos depender de nossa lembrança daquilo que alguém certa vez disse, porque essa recordação não irá preservar o detalhe da sintonia fina da maneira pela qual as pessoas organizam suas conversações. Nem se trata, este, de um problema solúvel pela utilização de equipamento mecânico a fim de gravar entrevistas para pesquisas. Ocorre que as percepções das próprias pessoas são um orientador inapropriado a respeito de sua maneira de agir.

Já os dados de ocorrência natural, em contraste, podem funcionar como uma magnífica base para teorizar a respeito de objetos que jamais iríamos imaginar. Como Sacks destaca, utilizar aquilo que normalmente acontece no mundo em que vivemos significa "podemos começar com elementos que não são atualmente imagináveis, se pudermos mostrar que eles aconteceram" (1992a: 420).

Jonathan Potter recentemente ampliou a argumentação de Sacks, e não tenho melhor maneira de contribuir para esclarecer esses pontos que não seja a de apresentar, a seguir, as cinco virtudes que Potter localiza em trabalhar com dados de ocorrência natural (adaptado de Potter, 2002: 540).

- Os dados de ocorrência natural não inundam o cenário da pesquisa com as categorias próprias do pesquisador (embutidas em questões, testes, estímulos, vinhetas, etc.).
- Não colocam as pessoas na posição de especialistas desinteressados pelos pensamentos e práticas deles próprios e de terceiros.
- Não permitem ao pesquisador elaborar uma variedade de inferências mais ou menos problemáticas a partir da arena da coleta de dados para tópicos, da forma como o próprio tópico é diretamente estudado.
- Abrem uma ampla variedade de questões novas que fogem às expectativas anteriores embutidas em, digamos, perguntas de entrevistas.

- Constituem um rico registro sobre como as pessoas vivem suas vidas, perseguem metas, organizam e comandam tarefas institucionais, etc.

Nenhum dos cinco pontos de Potter nega que entrevistas ou experiências possam ser jamais úteis ou reveladores:

> Contudo, eles sugerem que o sapato preferido poderia estar melhor colocado no outro pé. A questão não é por que deveríamos estudar materiais naturais, mas, sim, por que não deveríamos? (Potter, 2002:540)

3
Instâncias ou Sequências?

No capítulo anterior, analisei os tipos de dados que os pesquisadores qualitativos devem corretamente reunir. No entanto, ao contrário do entendimento de muitos pesquisadores aprendizes, a coleta dos dados não é sequer metade da batalha. *Análise* dos dados é sempre o nome do jogo. A menos que você possa comprovar que sua análise dos dados tem bases corretas e é completa, todo aquele esforço dedicado a acessar e coletar seus dados terá sido inteiramente inútil.

Ao explicar como é a análise qualitativa de dados bem fundamentada e completa, este capítulo oferece ao leitor um tipo de sanduíche. O "pão" consiste em um número de relevantes estudos de pesquisa. Entre eles, uma breve discussão de dois grandes pensadores das ciências sociais do século passado, que nos demonstraram claramente por que as sequências são indispensáveis.

Em pesquisa quantitativa, os números falam. Com alguns números, os pesquisadores qualitativos parecem confiar em exemplos ou instâncias para dar suporte a suas análises. Disso decorre que os relatórios de pesquisas rotineiramente apresentam extratos de dados que servem como instâncias significativas de algum fenômeno proclamado. Pensemos de novo no extrato de entrevista discutido no Capítulo 2. Nele, o uso de uma mínima base de evidência apropriadamente provoca a acusação de (possível) tendenciosidade, isto é, escolher apenas aqueles extratos que dão suporte ao argumento que se quer defender.

Em pesquisa qualitativa, grupos de foco, inicialmente usados apenas em estudos sobre consumidores e eleitores, passaram a ser quase tão corriqueiros quanto as entrevistas. Dados de grupos de foco são normalmente reunidos por um moderador que oferece estímulos verbais ou visuais a um pequeno grupo de pessoas escolhidas como representantes de um determinado subgrupo da população. Ao contrário das entrevistas individuais, os grupos de foco proporcionam acesso rápido aos pontos de vista de, no mínimo, oito a dez pessoas.

Na pesquisa qualitativa comercial, as "constatações" de grupos de foco são diretamente relacionadas aos objetivos empresariais do cliente. Isso é explicado no comentário a seguir por Jonathan Potter, um cientista social que estudou grupos de foco comerciais.

> As empresas ou organizações que encomendam o grupo pagam por três tipos de resultados. Em primeiro lugar, podem ter um representante que observa a interpretação por trás de um espelho falso. Em segundo lugar, podem receber um vídeo da interação. Em terceiro, podem receber um relatório da interação, elaborado pelo moderador (que tipicamente resume os temas e fornece amostragens das respostas dos participantes).
> Tipicamente, nenhuma dessas formas de *output* tem prioridade em relação às demais. Isso significa que o moderador é a figura central da produção de dados. Ele pode, por exemplo, demonstrar a importância de algum elemento que chame a atenção (digamos, pela repetição) ou sua irrelevância para o negócio do grupo ao simplesmente ignorar tal elemento. Isso acabará ficando demonstrado para o cliente, esteja ele atrás do espelho falso ou observando o vídeo, ou naquilo que for citado no relatório. A visibilidade dos dados em grupos de pesquisas de mercado é uma questão muito mais direta do que em um grupo de foco de ciência social, no qual considerável separação ou codificação pode fazer parte da produção de um conjunto de dados para fins de análise. E não existiria a expectativa de que um artigo de pesquisa viesse a, digamos, incluir a interação bruta como parte de seus dados e constatações. (Potter: comunicação pessoal, 2006)

A fim de entender o que Potter qualifica de "separação e codificação" e o estudo da "interação bruta", passamos a examinar um exemplo de um estudo de um grupo de foco baseado em ciências sociais.

Phil Macnaghten e Greg Myers (2004) tinham interesse em verificar de que maneira o debate científico a respeito dos alimentos geneticamente modificados se refletia nos sentimentos da população. Por meio de grupos de foco, eles buscaram evidenciar "as diferentes formas pelas quais as pessoas se relacionam com os animais... e as formas pelas quais suas crenças e valores a respeito de animais se relacionavam a crenças implícitas a respeito do que é natural" (2004: 67).

A seguir apresentamos um extrato de seus dados (favor verificar no Apêndice os símbolos de transcrição utilizados). O extrato tem início com uma pergunta incisiva do moderador:

Extrato 3.1 (adaptado de Macnaghten & Myers, 2004: 75)
[M= moderador; X e Y = participantes]
M: Posso simplesmente dizer, de que formas você entende que esses animais são naturais?
(1.0)
X: bem, se não são naturais eles =
Y: = não são naturais, eles são [produtos humanos, verdade?
M: [teriam sido fabricados
Y: fabricados

Com relação aos objetivos do presente estudo, minha única preocupação diz respeito à questão da maneira pela qual os cientistas sociais (diferentemente dos pesquisadores comerciais) poderiam analisar dados como esses. Ainda bem que Macnaghten e Myers debateram duas estratégias diferentes baseadas, em parte, em contingências práticas. Trabalhando com uma apertada perspectiva de tempo, Macnaghten prestou mais atenção ao estabelecimento dos grupos de foco do que à análise dos dados. Sua estratégia envolveu os três passos simples a seguir descritos:

1. Encontrar rapidamente "passagens fundamentais" (em 200 mil palavras de transcrição)
2. Escolher citações que constituam um ponto relevante (e repetido) com brevidade e de maneira preponderante
3. Destacar "pontos citáveis" com um delineador (encerrando com oito grupos de citações sobre cada um dos tópicos pelos quais tenha se interessado)

Os autores destacam que esse método relativamente simples proporciona uma maneira ágil de ordenamento dos dados a serem levados em conta em um determinado tópico de pesquisa. Quando damos início à análise da pesquisa, podemos constatar que estamos em terreno desconhecido. Nesse sentido, o método de Macnaghten irá nos permitir, como eles insistem, "mapear as florestas".

O tipo de respostas rápidas que pode emergir por meio do "mapeamento de florestas" exerce indubitavelmente uma atração para a pesquisa orientada aos problemas sociais. No entanto, esse método de identificar temas repetidos ignora o fato de que os participantes de grupos de foco não são indivíduos isolados, mas, pelo contrário, pessoas engajadas em uma conversa. A fim de entender o caráter conversacional dos dados, Myers sugere que precisamos examinar de que forma o significado é construído nas interações entre o moderador e os participantes, e entre os participantes como grupo. No Extrato 1, ele destaca:

1 X hesita por um segundo e usa um prefácio contendo "bem...", que representa sua resposta como inesperada e não preferida (para uma discussão sobre a organização de preferências, ver Heritage, 1984)
2 Y responde muito rapidamente e M acaba respondendo com ele, os dois referindo ações preferidas
3 Y modifica seu termo ("produzido pelo homem") para se adequar ao termo usado por M ("fabricado"). Dessa forma, Y e M produzem uma declaração colaborativa

Essa análise detalhada, indicam os autores, parece mais "cortar as árvores" do que "mapear as florestas". Ao contrário da abordagem posterior, ela rejeita a suposição de que não exista uma ligação individual entre os discursos em grupos de foco e as "visões" das pessoas sobre animais e a pesquisa GM. Pelo contrário, isso comprova como:

> ... uma transcrição de um grupo de foco é uma forma de recuperar, até onde hoje é possível, uma situação momento-a-momento, e as relações mutantes das pessoas nessa situação. (Macnaghten e Myers, 2004: 75)

No entanto, como com qualquer outro método de análise de dados, "cortar as árvores" apresenta problemas potenciais. Em primeiro lugar, trata-se claramente de um método muito mais lento, por exemplo, do que a identificação de "passagens principais". Em segundo lugar, sua abordagem linguística pode correr o risco de perder de vista os problemas de pesquisa com os quais começamos trabalhando. Nesse exemplo, os críticos podem simplesmente argumentar que a análise sequencial de Myers quase nada tem a ver com a natureza do debate sobre alimentos geneticamente modificados.

Pesquisadores qualitativos experientes certamente irão reconhecer que as abordagens alternativas colocadas por Macnaghten e Myers exemplificam métodos exageradamente utilizados (e muito diferentes) de análise dos nossos dados. "Cortar as árvores", com sua análise sequencial refinada, parece um método de pesquisa de bases bem mais corretas (oferecendo profundidade) do que a abordagem mais cômoda de simplesmente citar instâncias favoráveis. No entanto, pelo menos "mapear a floresta", quaisquer que sejam suas limitações, acaba nos revelando alguma coisa a respeito de fenômenos substantivos, e com isso nos proporciona uma visão mais abrangente.

Mais adiante, neste capítulo, examinarei outro estudo de grupo de foco que, em meu entendimento, combina com sucesso profundidade e alcance. No entanto, em primeiro lugar, precisamos detectar por que, na análise de dados qualitativos, as sequências têm real importância. Para tanto, precisamos retornar àquelas questões de nossas raízes teóricas que tendem a distinguir o que fazemos tanto do trabalho dos cientistas sociais quantitativos quanto do tipo de pesquisa comercial discutida por Potter.

Dois pensadores proporcionam a base para uma análise profunda a respeito da organização sequencial: o sociólogo Harvey Sacks e o linguista Ferdinand de Saussure. Embora esses grandes pensadores estivessem separados pelo tempo (Saussure era ativo nas primeiras duas décadas do século XX, e Sacks na década de 1960 e começo da de 1970) e por seu *background* de disciplinas, procurarei demonstrar que, em um aspecto, eles oferecem uma inspiração comum para a rejeição de instâncias únicas e para seguir em busca de sequências. Como o trabalho de Sacks já foi abordado nos capítulos anteriores, começarei com ele, passando em seguida para Saussure.

Sacks e a organização sequencial

Saussure e Sacks têm em comum uma característica bizarra. É que o trabalho de ambos tornou-se conhecido majoritariamente por meio da publicação póstuma de suas conferências.

As conferências de Sacks na Universidade da Califórnia datam de 1964-1974. Na transcrição da primeira delas, distribuída em 1964, Sacks começa com dados de sua dissertação de doutorado sobre conversas telefônicas coletadas na emergência de um hospital psiquiátrico. À medida que você for lendo os extratos a seguir, prepare-se para sentir-se intrigado, ou até mesmo entediado. Pouco a pouco você irá constatar por que eles são importantes. Neles, A é membro da equipe do hospital, e B pode ser alguém ligando para falar tanto de si próprio quanto de outra pessoa qualquer.

Extrato 3.2 (Sacks, 1992a: 3)

A: Alô
B: Alô

Extrato 3.3 (Sacks, 1992a: 3)

A: Aqui Sr. Smith. Posso ajudá-lo
B: Sim, aqui Sr. Brown

Sacks faz duas observações iniciais a respeito desses extratos. Em primeiro lugar, B parece adaptar seu discurso ao formato proporcionado pela primeira manifestação de A. Assim, no Extrato 1, temos uma troca de "alôs" e, no Extrato 2, um intercâmbio de nomes. Ou, como Sacks descreve a situação, poderíamos dizer que aqui existe uma "regra de procedimento":

> ... uma pessoa que é a primeira a falar em um diálogo ao telefone pode escolher sua forma de dirigir-se à outra, e... com isso escolher a maneira de abordar as outras utilizações. (1992a: 4)

A segunda observação de Sacks é de que cada parte ou ato do intercâmbio ocorre como parte de uma dupla (p.ex., Alô-Alô). Cada par de atos pode ser chamado de uma "unidade" na qual o primeiro ato constitui uma abertura para o segundo e estabelece uma expectativa a respeito daquilo que estará realmente contido nesse espaço. Dada essa expectativa, A é normalmente capaz de obter o nome de B (como no Extrato 2) sem precisar perguntar diretamente. A beleza de tudo isso, como Sacks destaca, é que evita um problema que uma pergunta direta poderia criar. Por exemplo, quando você pergunta diretamente o nome de outra pessoa, ela pode, educadamente, retrucar: "Por quê?", e, dessa forma, requerer que você ofereça uma boa justificativa para essa pergunta (p. 4-5). Em contraste, proporcionar uma abertura para um nome não é algo que acarrete responsabilização. Assim, responder a um telefonema com o seu nome é importante em instituições nas quais se exige saber os nomes de quem a elas se dirige (p. 5-6).

Naturalmente, o fato de que algo possa adequadamente ocorrer uma vez que se tenha criado uma abertura não significa que isso *venha* obrigatoriamente a ocorrer. Examine o exemplo, a seguir, citado por Sacks:

Extrato 3.4 (Sacks, 1992a: 3)
A: Aqui é o Sr. Smith. Posso ajudá-lo
B: Não consigo ouvi-lo
A: Aqui é o Sr. <u>Smith</u>
B: <u>Smith</u>.

As duas regras de procedimento de Sacks não significam que os falantes sejam autômatos. O que parece ocorrer no Extrato 3 é que a resposta de B – "não consigo ouvi-lo" – significa que a abertura para a outra parte dizer seu nome está perdida. Isso não significa que seu nome está "ausente", mas que o lugar ao qual poderia chegar está fechado. Como Sacks esclarece:

> Não se trata simplesmente do fato de que a pessoa que ligou esteja ignorando o que deveria fazer segundo as regras, mas de algo um tanto mais elaborado. Isto é, eles têm meios de garantir que o lugar em que o nome da pessoa chamada deve estar nunca se abra. (p. 7)

Sacks volta à questão do "lugar" ou do "espaço" conversacional em suas conferências de 1966. Espaços, ou aberturas, são lugares nos quais determinadas atividades secundárias podem adequadamente ocorrer depois de uma determinada atividade principal. Mas como comprovar isso? Seria "espaço" simplesmente uma categoria de analistas invocada com a finalidade exclusiva de explicar aquilo que o analista distingue?

Sacks responde a essas perguntas demonstrando que os próprios membros rotineiramente atentam para a questão de se uma abertura, ou espaço, é usada de modo adequado. Um bom exemplo é a maneira pela qual todos temos a capacidade de reconhecer a "ausência" das utilizações corretas dos espaços. Vejamos: quando alguém não responde ao nosso "alô!" (apesar de ter ficado claro que ouviu a saudação), não temos qualquer problema para verificar que alguma coisa está faltando (p. 308). Na verdade, podemos salientar apropriadamente tal incidente a mais alguém como um exemplo de "afronta".

Esse exemplo de uma saudação "ausente" pode ser facilmente notado porque respostas a saudações fazem parte de uma categoria de "objetos igualados" que inclui não apenas "saudações", mas também perguntas e respostas (p. 308-309). Quando a primeira parte de semelhante objeto igualado estiver completa, qualquer pausa pelo segundo participante é vista como *sua* pausa, isto é, sua responsabilidade. Isso ocorre porque o primeiro participante é ouvido como um "complemento do discurso" e, uma vez provido este, chega a vez do outro participante de falar, e falar de uma forma que se refira adequadamente à primeira parte (p. 311).

Essa atenção adequada significa que será claramente "bizarro" se respondermos a uma pergunta reconhecível usando um "alô". Contudo, isso não significa que estejamos destinados a agir da maneira esperada, nem mesmo que uma resposta não esperada venha a ser sempre ouvida como "bizarra".

Como demonstrado pelas saudações respondidas, atividades consecutivas podem ser agrupadas em pares. Isso restringe aquilo que o próximo participante pode fazer, mas igualmente restringe o iniciador da primeira parte da dupla. Assim, por exemplo, se você pretende receber uma saudação, poderá ser necessário que faça uma saudação em primeiro lugar (p. 673).

Não são apenas as saudações, mas também atividades adjacentes como perguntas e respostas e convocações e reações, que são casadas. Isso tem duas consequências. A primeira delas é que ambas as partes são "relativamente ordenadas" (1992b: 521). Isso significa que, "dada uma primeira, uma segunda deveria ser feita", e o que deve ser feito é "especificado pela organização da dupla" (p. 191). Em segundo lugar, se a segunda indicada não for feita, passará a ser "tida como ausente" (p. 191), e uma repetição da primeira será proposta. Por exemplo, Sacks sugere que crianças da mais tenra idade que dizem "oi!" para alguém e não obtêm resposta normalmente só voltarão a agir com naturalidade depois de repetirem o primeiro "oi!" e obter um "oi!" como resposta (1992a: 98).

A organização desses discursos consecutivos proporciona o conceito de "pares adjacentes" – sequências que comportam dois discursos e são colocadas de forma adjacente (saudação-saudação, pergunta-resposta, convocação-reação). Como vimos anteriormente, pares adjacentes são "relativamente ordenados" porque um sempre surge depois do outro. Eles são também "discriminativamente relacionados" pelo fato de que a primeira parte é que define (ou discrimina entre) segundas partes adequadas (1992b: 521).

Pares adjacentes podem agora ser vistos como um meio poderoso de organizar uma relação entre um discurso atual e um anterior e outro próximo. De fato, ao constituir uma posição próxima que admite apenas um tipo de discurso (p. 555), Sacks sugere que: "A relação de adjacência entre discursos é a ferramenta mais poderosa para relacionar esses discursos" (p. 554).

A força desse instrumento é sugerida por dois exemplos relacionados ao par adjacente de "convocação-reação". Como destacam Cuff e Payne, "quem recebe convocações sente-se impelido a reagir". Segundo eles, ainda, uma consequência desagradável desse fato é que na Irlanda do Norte, durante os *Troubles* (30 anos de guerra civil), quando a campainha da porta tocava (o que configurava uma "convocação"), "as pessoas mesmo assim abriam a porta e eram baleadas – apesar de saberem que isso poderia acontecer" (1979: 151).

O segundo exemplo emerge da discussão de Sacks a respeito de uma pergunta de criança: "Sabe de uma coisa, Mamãe?" (1992 a: 256-257 e 263-264). Como ele destaca, o uso de "Mamãe" pela criança estabelece outra sequência convocação-reação, na qual a resposta adequada para a Mamãe é dizer "O quê?". Isso permite que a criança diga o que pretendia dizer desde logo, mas como uma obrigação (porque perguntas devem produzir reações). Consequentemente, tal discurso é uma forma poderosa pela qual as crianças se engajam em conversações apesar de seus normalmente restritos direitos à palavra.

Sacks, contudo, adverte-nos no sentido de evitar a suposição de que pares adjacentes, como convocação-reação, funcionam necessariamente de uma maneira mecânica. Por exemplo, ele destaca que perguntas podem ser às vezes adequadamente seguidas por perguntas adicionais, como no Extrato 5, a seguir:

Extrato 3.5 (1992b: 529)
1 A: Você me empresta seu carro?
2 B: Quando?
3 A: Hoje à tarde.
4 B: Por quanto tempo?
5 A: Algumas horas.
6 B: Tudo bem.

No Extrato 5, B emite a segunda parte da dupla pergunta-resposta na linha 6, em vez de na linha 2. Citando Schegloff (1968), Sacks denomina as linhas 2-5 de "sequência de inserção" (1992b: 528). Tais sequências são permissíveis em pares pergunta-resposta com o entendimento de que B dará a resposta quando A tiver concluído (p. 529). Sacks, contudo, sugere que, em saudações, ao contrário de outros pares adjacentes, sequências de inserções são incomuns (p. 189).

Vamos resumir o que Sacks afirma sobre como o fenômeno da adjacência funciona.

A primeira parte de um par adjacente pode entrar *em qualquer lugar* da conversação, *exceto* imediatamente após a parte do primeiro par, *a menos que* esta esteja ali para uma sequência de inserção (1992b: 534).

Mais ainda, uma vez que as partes do primeiro par nos pares adjacentes podem ser incluídas em qualquer lugar, vemos, novamente, que as pessoas precisam ouvir todas as vezes – agora, para o caso de virem a ser chamadas para fazer a parte de um segundo par (p. 536). Na realidade, não deveríamos supor que os pares adjacentes consistem exclusivamente em dois discursos. Tanto pode haver sequências inseridas como, às vezes, é possível elaborar correntes de pares adjacentes.

Como uma instância de semelhante corrente, Sacks destaca a frequência com que dizemos coisas como "O que você vai fazer hoje à noite?", em que nosso companheiro sabe que uma resposta do tipo "Nada de especial" certamente levará a uma nova pergunta-resposta de par adjacente. Dessa forma, o primeiro par de pergunta-resposta serve para "pré-sinalizar" o convite a caminho (p. 529).

Até aqui, minha discussão sobre o que Sacks nos relata a respeito da organização da conversação pode ter deixado alguns leitores indiferentes. "O que há de mais nisso?", você pode estar perguntando. Então, agora vou tentar mostrar por que Sacks constitui leitura essencial para qualquer pesquisador qualitativo, esteja ou não interessado nas amenidades das conversações.

Sacks demonstra a importância de estudar a organização sequencial pelo uso de três poderosas metáforas:

- Economia
- Onipresença
- Observabilidade

Vou concluir esta seção com uma breve discussão de cada uma dessas metáforas.

Uma Economia. Sacks nos afasta lentamente da tentação de ver a conversação como um processo interno voltado apenas para a comunicação de pensamentos. Esse impulso antipsicológico é identificado no modo como ele utiliza o termo "Máquina do Comentarista" para descrever a maneira pela qual os entrevistadores trabalham (como discutimos no Capítulo 2) e "aparato" para descrever o sistema de trabalho em turnos (ver Silverman, 1998: Capítulo 4).

Sacks e seus colaboradores usaram a metáfora de uma "economia" para descrever esse aparato no extrato a seguir:

> Nas atividades socialmente organizadas, a presença de "turnos" indica uma economia, com turnos para algo que é avaliado – e com meios para alocar esses turnos, o que afeta sua relação de distribuição, como em economia. (Sacks, Schegloff e Jefferson, 1974: 696)

Esse conceito de "uma economia" nos desvia da tentação de tratar a conversação como uma expansão trivial de nossas experiências individuais. Em lugar disso, como bens e serviços, turnos-na-conversa depende de um sistema para sua distribuição. Mais ainda, esses turnos têm um valor, visto nos potenciais "lucros" da obtenção de um espaço (turno) e nas potenciais "perdas" (p. ex., de memória) ao não se conseguir obter um turno em um determinado ponto. Dessa forma, a metáfora da "economia" nos faz sentir a força e o *status* factual de um sistema de revezamento por turnos que incorpora gestos e movimentos, bem como a conversação (pense, por exemplo, em como entendemos os movimentos dos leiloeiros enquanto olham em torno da sala de vendas e batem seus martelos na mesa. Ver Heath e Luff, no prelo).

Onipresença. Este poder se reflete na maneira pela qual os oradores se sujeitam às regras conversacionais que discutimos em todos os contextos sociais. Mesmo as fronteiras aparentes entre culturas diferentes parecem significar quase nada nesse aspecto.

Notamos esse ponto em um ensaio que Sacks escreveu com o antropólogo Michael Moerman. Moerman e Sacks (1971) encontram similaridades básicas entre falantes dos idiomas tailandês e inglês (EUA). Em tailandês, como acontece com o inglês dos americanos, um falante se exprime continuadamente, sem brechas ou superposições. Igualmente, em ambas as "culturas" isso é conseguido pelos falantes notando e corrigindo violações, localizando de forma cooperativa pontos de transição, colaborativamente localizando o próximo falante e ouvindo e prestando atenção a complementações, transições de turnos, insultos, etc.

Como os autores colocam, tanto em tailandês como em inglês dos EUA:

> ... os participantes devem continuadamente, ali e agora – sem recorrer a testes de acompanhamento, exames mútuos de recordações, testes de surpresa e outras formas de exame do entendimento –, demonstrar um ao outro que entendem ou não a conversa da qual fazem parte. (Moerman e Sacks, 1971: 10)

Como nas conferências de Sacks, os autores nos advertem de que não devemos nos surpreender com a rapidez com que as pessoas podem fazer tudo isso: "A disponibilidade instantânea de regras de gramática mostra-nos que nossa noção ingênua do pouco que o cérebro pode fazer com rapidez está equivocada" (1971:11).

Contudo, essa "disponibilidade instantânea" e onipresença não deveriam ser levadas a fazer crer que as regras conversacionais são coercitivas. Em vez disso, como Sacks destaca a seguir, semelhantes regras atingem sua relevância pelo fato de serem respeitadas e utilizadas:

> Alguém certa vez me disse ter encontrado pessoas que violavam as regras A-B-A-B, como se isso fosse algo muito chocante... Isto é, como se, de fato, A-B-A-B fosse caracterização de qualquer conversação entre duas pessoas como uma lei natural, em vez de se tratar de algo a que as pessoas davam importância e usavam de várias maneiras, e que tinha a capacidade de indicar a elas qual é o seu turno de falar, e quando (1992a: 524).

Observabilidade. Apesar do recurso de Sacks a idiomas mecânicos, não há nada de abstrato ou puramente teórico naquilo que ele diz. Sacks buscou legar-nos uma maneira de acessar as atividades observáveis das pessoas, em vez de tentar construir um sistema auto excludente de regras e categorias. Isso significa que a "ordem" que ele descreve a seguir é uma ordem em que as pessoas comuns confiam e da qual fazem uso:

> ... na medida em que os materiais com os quais trabalhamos exibiram ordem, eles não o fizeram para nós – na verdade, nem em primeiro lugar para nós –, mas para os coparticipantes que os haviam produzido. (Schegloff e Sacks, 1974: 234)

A conclusão a ser extraída disso é que "problemas" precisam ser problemas observáveis para todos os membros a fim de serem interessantes para análise (p. 234). Mas a "pronta observabilidade" a que Sacks se refere a seguir implica alguma coisa profunda e entranhada:

> ... a onipresença e a pronta observabilidade não necessariamente significam *banalidade* e, dessa forma, silêncio. Nem deveriam

desencadear uma busca de exceções e variações. Em vez disso, precisamos ver que com tais ocorrências tão triviais estamos escolhendo fatos que são de tal forma *esmagadoramente verdadeiros* que, se formos realmente entender esse setor do mundo, eles constituem fatores com os quais teremos de nos acostumar. (1987: 56, grifos meus)

"Acostumar-nos com" essa onipresença representa nossa tarefa de pesquisa. Para Schegloff e Sacks, temos a obrigação de concretizar nada menos do que "uma disciplina observacional naturalística que possa empenhar-se com os detalhes das ações sociais com rigor, empirismo e formalidade" (1974: 233).

Harvey Sacks foi o proeminente pensador moderno que nos instruiu sobre como trabalhar em sequências. Contudo, ele é muitas vezes visto como o fundador de uma abordagem ("análise de conversação", ou AC) que é considerada por alguns pesquisadores qualitativos, de forma muito errada, como sectária ou irrelevante para suas preocupações.

Pretendo agora demonstrar que a relevância da organização sequencial tem sua importância para muito além daqueles que usam a AC. A fim de atingir essa meta, vou me referir, como prometido, a uma figura pioneira mais antiga das ciências sociais – Ferdinand de Saussure. Seguindo esse rumo, vou indicar que o foco de Saussure na articulação de diferentes elementos proporciona os fundamentos para a pesquisa baseada em sequências, em vez de em instâncias.

Saussure e a organização sequencial

Saussure (1974) nos exorta a estudar as maneiras pelas quais as relações e diferenças se articulam no âmbito de sistemas de sinais, como semáforos do trânsito. Ele rejeita uma visão substantiva da linguagem – uma visão preocupada com a correspondência entre palavras individuais e seus significados – em favor de uma visão *relacional*, destacando o sistema de relações entre as palavras como a fonte do significado. De acordo com essa visão, os sinais não constituem entidades autônomas, derivando seu significado apenas do lugar que ocupam em um sistema de sinais. O que constitui um sinal linguístico é apenas sua diferença de outros sinais (assim, a cor vermelha seria apenas algo que não é verde, azul, laranja, etc.). Por exemplo, o *status* de qualquer trem deriva de sua posição em um horário. Assim, mesmo se o trem das 10h30min de Zurique para Genebra não tiver partido às 11 horas, ele continua sendo o trem das 10h30min.

Os sinais podem ser agrupados de duas maneiras. Em primeiro lugar, existem possibilidades de combinações (p. ex., a ordem de um serviço religioso ou os prefixos e sufixos que podem ser agregados a um substantivo – por exemplo, "amigo" pode se tornar "namorado" ("friend"/"boyfriend"), "amizade" vira "amistosamente"("friendship"/"friendly"), etc.). Saussure chama esses padrões de combinações de *relações sintagmáticas*. Em segundo lugar, existem as propriedades contrastantes (p. ex., escolher um hino em detrimento de outro em um serviço religioso; dizer "sim" ou "não"). Aqui a escolha de um termo necessariamente exclui o outro. Saussure chama essas relações mutuamente excludentes de *oposições paradigmáticas*. Como no horário das ferrovias, os sinais têm seu significado derivado exclusivamente de suas relações e diferenças de outros sinais.

A argumentação de Saussure foi tomada com todo rigor principalmente na análise de dados textuais ou visuais – talvez porque semelhantes dados sejam quase sempre articulados pela própria evidência. Contudo, existem ganhos mais amplamente aplicáveis para a análise de dados na abordagem de Saussure. Uma vez reconhecendo que "não há significado em um elemento isolado", precisamos pensar duas vezes a respeito de buscar dados para instâncias ou exemplos individuais. Ao interpretar qualquer instância, não podemos negligenciar a sequência da qual ela faz parte. Assim, por exemplo, uma análise baseada em uma única resposta de entrevistados será normalmente inadequada. Uma análise detalhada precisa normalmente ter base em uma ampla sequência de conversas entrevistador-entrevistado (ver Rapley, 2004).

No entanto, esse exemplo leva Saussure muito além do que ele estava preparado para chegar. A preocupação de Saussure com a articulação está sempre no nível de estruturas e sistemas, em vez de interação (a *língua* – idioma –, não a *conversa*). Ainda assim, a articulação não ocorre apenas ao nível de sistemas impessoais. Como veremos nos extratos a seguir, os participantes são, eles mesmos, profundamente ativos nas relações entre diferentes atividades. Isso é mostrado, por exemplo, nos estilos complexos que temos para entregar e receber convites. Assim, depois de um convite, quem o emite pode entender uma pausa como uma indicação da existência de algum problema e fornecer uma "desculpa" ["Isto é, se você não estiver ocupado demais neste momento] (ver Heritage, 1984, 241-244).

Tendo em vista que todos comprovadamente trabalhamos com e ao longo de sequências de ações, isso significa que as relações sintagmáticas são muito mais locais do que Saussure imaginava. Nos exemplos que se seguem, demonstrarei de que forma a análise de dados pode prestar íntima atenção ao engajamento local da interação, ao mesmo tempo tirando inspiração da ênfase de Saussure na articulação da relação entre elementos. Embora Saussure seja fartamente citado em linguística e antropologia estrutural, ele proporciona uma regra única que se aplica a todos nós. Em uma censura a nossa dependência de instâncias, Saussure nos diz que "não existe significado algum em um item isolado". Tudo depende de como os itens individuais (elementos) são articulados (contexto).

Uma atividade diária na qual o mundo social é articulado se dá pela construção de sequências. Da mesma forma que os participantes comparecem à localização sequencial de "eventos" de interação, assim deveriam agir os cientistas sociais. Usando exemplos extraídos de grupos de foco, notas de campo e gravações em fita, eu argumento que a identificação de tais sequências, em vez da citação de instâncias, deveria constituir um teste principal da adequação de qualquer afirmação a respeito de dados qualitativos.

Minha abordagem anterior do trabalho de Macnaghten e Myers (2004) sobre atitudes relacionadas a alimentos geneticamente modificados despertou dúvidas em relação à forma *versus* substância. Poderá uma preocupação com articulação e organização sequencial revelar-nos mais do que as estruturas conversacionais? A fim de obter uma resposta inicial a essa dúvida, pretendo discutir o estudo de um segundo grupo de foco em que tais questões substantivas são destacadas com maior clareza.

Pensamento positivo

Sue Wilkinson e Celia Kitzinger (2000) interessavam-se pela maneira com que tanto leigos quanto inúmeros profissionais da saúde entendem que "pensamento positivo" ajuda um paciente a enfrentar melhor o câncer. Elas destacam que grande parte da evidência a respeito dessa crença deriva de questionários nos quais os respondentes marcam em um boxe ou circulam um número.

Em contraste, Wilkinson e Kitzinger preferem tratar as declarações a respeito de "pensar positivamente" como ações e entender suas funções em determinadas sequências da conversação. Em termos simples, elas buscam inserir "pontos de alerta" em torno do "pensamento positivo" e examinar quando e como ele é usado.

Analisemos um extrato de dados que elas usam de um grupo de foco de mulheres com câncer de mama:

Extrato 3.6 (Wilkinson e Kitzinger, 2000: 807)

Hetty: Ao descobrir que tinha câncer, disse para mim mesma: eu disse, bem, isso não vai acontecer comigo. E foi isso que aconteceu. Quero dizer (Yvonne: Isso mesmo) obviamente a gente fica devastada porque isso é realmente assustador.

Yvonne: (superposição): isso mesmo, mas é preciso ter uma atitude positiva. Eu tenho

Betty: (superposição): mas então, eu falava com o Dr. Purcott, e ele me disse que a melhor coisa que *qualquer um* pode ter com *qualquer tipo de câncer* é uma atitude positiva

Yvonne: uma visão positiva, exatamente

Betty: porque quando você decide combater a doença, o resto do seu organismo vai com..., vai começar

Yvonne: a se motivar, isso mesmo]

Betty: para combater a doença

Nesse extrato, o relato de Hetty a respeito de ter-se sentido "devastada" depois de um diagnóstico de câncer é enfrentado por apelos a uma "atitude positiva", tanto por Yvonne quanto por Betty. Na superfície, então, o Extrato 3.6 parece sustentar a ideia de que o "pensamento positivo" é um estado interno, cognitivo, de pessoas com câncer. No entanto:

> ... isso ignora a extensão em que essas mulheres estão discutindo o "pensamento positivo" não como uma reação natural a estar com câncer (a reação natural [mencionada por Hetty] é que "obviamente, você se sente devastada, pois isso é realmente assustador"), mas, sim, um imperativo moral: "você precisa ter uma atitude positiva" (Wilkinson e Kitzinger, 2000: 806-807)

Dessa forma, a análise de Wilkinson e Kitzinger sugere duas maneiras diferentes pelas quais essas mulheres formulam sua situação:

> O *pensamento positivo* é apresentado como um imperativo moral, parte de uma ordem moral em elas *deveriam* pensar positivamente
> *Outras reações* (inclusive medo e choro) são descritas simplesmente como algo que "eu fiz", e não como "o que você deveria fazer".

Essa distinção mostra o valor de observar como nossa maneira de falar é organizada, em vez de simplesmente tratá-la como forma de "providenciar uma 'janela' transparente de processos cognitivos subjacentes" (2000: 809). Em contraste, o foco de Wilkinson e Kitzinger em sequências de conversações permite que tenhamos um entendimento bem diferente, mais processual, do fenômeno.

Além disso, nessa versão do "*corte de árvores*" não perdemos de vista o fenômeno substantivo. Ao contrário de estudos de questionários, que normalmente apenas confirmam convicções leigas ou médicas a respeito da utilidade de determinadas reações mentais a doenças potencialmente terminais, essa pesquisa revela que expressões de "pensamento positivo" podem ter mais a ver com manifestações públicas da posição moral de uma pessoa do que com a maneira pela qual as pessoas efetivamente reagem às situações de doenças.

Semelhante conclusão proporciona novos e valiosos *insights* tanto para pacientes quanto para profissionais do setor da saúde

– questões da aplicabilidade da boa pesquisa qualitativa que serão discutidas no próximo capítulo. Neste estágio, vale refletir que as constatações de Wilkinson e Kitzinger simplesmente não são disponibilizadas pelas respostas a questionários, ou, mais relevantemente, a partir de análise qualitativa convencional dos dados que, sem dúvida, constataria múltiplas instâncias de "pensamento positivo" no bojo da conversa dessas mulheres.

Wilkinson e Kitzinger mostram como uma análise próxima da organização sequencial pode ser relevante na prática. Os dois exemplos a seguir, extraídos de meus registros gravados, buscam destacar esse ponto.

Analisando gravações de aconselhamento sobre teste de HIV

John McLeod fez-nos lembrar que "praticamente toda pesquisa de psicoterapia e aconselhamento foi derivada da disciplina de psicologia" (1994: 190). Dada a predominância dos métodos experimentais e/ou estatísticos privilegiados em psicologia, uma consequência disso vem sendo um foco em estudos quantitativos, que aplicam mensurações de resultados a indivíduos.

Questões psicológicas têm sido igualmente colocadas em destaque em estudos de entrevistas. Embora esses às vezes tenham se baseado em questões de resposta aberta e análise qualitativa de dados, a preocupação maior sempre se concentra em identificar mudanças na percepção e no conhecimento. Este foco nos indivíduos significa que tudo o que as pessoas dizem é tratado como uma janela mais ou menos transparente para seus respectivos mundos.

Ao desenhar minha pesquisa sobre aconselhamento em matéria de testes de HIV, usei uma estratégia de duas pontas a fim de proporcionar uma visão diferente do fenômeno. Em primeiro lugar, em vez de usar mensurações de resultados, preferi estudar a maneira pela qual o aconselhamento sobre HIV funcionava em entrevistas reais entre conselheiros-clientes. Em segundo lugar, em vez de olhar o cliente em isolamento, examinei sequências de conversas conselheiro-cliente (ver Silverman, 1997, e, para uma versão mais resumida, Silverman, 2005, p. 113-119).

Em todos os centros de teste de HIV que estudei, os conselheiros tentavam não fazer suposições sobre os motivos pelos quais as pessoas haviam ido em busca de um teste de HIV. Assim, o aconselhamento pré-teste normalmente começava com uma pergunta a respeito de por que o cliente estava ali. O Extrato 3, a seguir, começa exatamente dessa forma. Trata-se do início de uma sessão de aconselhamento mantida no departamento de doenças sexualmente transmissíveis de um hospital em uma cidade do interior da Inglaterra. Perguntado pelo conselheiro (C) por que desejava realizar um teste de HIV, este paciente masculino (P) contou uma história sobre o que teria acontecido durante as férias de sua namorada:

Extrato 3.7 (adaptado de Silverman [1997: 78])

1 C: poderia esclarecer por que veio em busca de um teste sobre HIV=

2 P: = bem, basicamente porque acho que posso ter contraído AIDS (0,2) sei lá (0,2) depois das férias da minha namorada em (.) (X) em abril com um amigo dela

3 C: bem... bem...

4 P: eu não a acompanhei porque andava muito ocupado... ela voltou (0,6) sei lá, em abril... estamos agora em novembro e ela só agora me contou que fez sexo com um(a) (indefinido) quando estava lá, quer dizer, não foi exatamente sexo, mas ela disse que esse cara (0,2) isso foi o que ela me disse esse cara (.) forçou-a (.) jogou-se sobre ela, sabe como é (0,6) sei lá:: [maiores detalhes]

5 P: por isso, é isso que me preocupa (0,8)

6 C: [bem

7 P: [e foi também sexo de risco

À medida que você lê o relato de P, é possível notar como ele dedica atenção maciça à maneira pela qual a história das férias de sua namorada virá a ser ouvida. "Com seu amigo" (linha 2) nos diz que sua "namorada" não foi às férias sozinha, pois viajar por conta e risco *poderia* ser ouvido como implicando a existência de problemas no relacionamento. "Seu amigo" não nos revela o gênero desse "amigo". Contudo, sabemos que, se fosse do gênero masculino, isso teria representado implicações maciças para a história que está sendo contada e, portanto, P teria sido obrigado a nos contar mais alguma coisa. Uma vez que ele não o faz, somos forçados a supor que "o amigo dela" seja do gênero "feminino". Mais ainda, podemos também supor, pela mesma razão, que não se trata de um relacionamento sexual*.

Mas P deixa também outra pergunta pendente sobre por que ele não acompanhou sua namorada, porquanto "sair em férias juntos" pode ser ouvido como apropriado ao relacionamento namorada/namorado. "Eu não a acompanhei porque andava muito ocupado" (linha 4) responde a essa pergunta. Ele demonstra que o fato de "não a ter acompanhado" é a causa e fornece sua garantia: "porque andava muito ocupado". P torna crível que não tenha acompanhado a namorada nas férias, com isso invocando o caráter *rotineiro* dos fatos descritos e, assim, constituindo seu comportamento descrito como um moralmente aceitável e corriqueiro.

O relato de P também proporciona uma descrição de um evento que pode ser ouvido em termos de outras questões morais. "Ela estava em férias" (linha 2) traz à interpretação a categoria de "veranista", que pode ser ouvida como algo implicando diversão inocente mas igualmente associado a outras atividades, por exemplo, "romances" de férias, "ficadas" de férias. Como sabemos que as férias podem ser uma época em que as inibições morais são temporariamente levantadas, a descrição inerente de comportamento potencialmente "promíscuo" é potencialmente relevada, ou, pelo menos, tida como compreensível.

"Ela só agora me contou que teve sexo com um (indefinido) quando esteve nessas férias." A Linha 4 consiste em uma série de descrições altamente implicativas de atividades. Fazer "sexo" com um terceiro implica "ser infiel". Conquanto a descrição anterior "em férias" (confirmada pelo localizador "quando ela esteve nesse lugar") possa tornar essa descrição compreensível, pode ser que não a torne desculpável. Como iremos ver, P se envolve em uma considerável missão de interpretação para preservar a condição moral de sua namorada, de uma forma que não chegue a abalar o *status* dele próprio como pessoa "razoável".

---

* N de R.T.: Do original, *friend*, usado tanto para o masculino (amigo) quanto para o feminino (amiga).

"Quer dizer, não foi exatamente sexo" (linha 4): aqui, a descrição danosa "fazendo sexo (com um terceiro)" é imediatamente consertada por P. Com isso temos de suspender a categoria implícita de "namorada infiel". Ocorre que essa descrição remediada é ambígua. Por exemplo, vamos ouvir "não foi exatamente sexo" como uma descrição física ou social da atividade?

"Ela disse que esse cara (0,2) isso foi o que ela me disse esse cara (.) forçou-a (.) jogou-se sobre ela, sabe como é" (linha 4). Torna-se claro a partir da próxima expressão que P está se aferrando a essa ambiguidade como algo que precisa de maiores explicações. Se "ele forçou-a... jogou-se sobre ela", então temos uma descrição que implica as categorias estuprador/vítima, em que "vítima" implica a atividade de não dar consentimento.

Por isso, P reformula sua categoria original de "fazendo sexo", com suas implicações danosas, pela colocação da ausência de consentimento e com isso a retirada da garantia da acusação de "namorada infiel" e um retorno à descrição dos eventos sem qualquer acusação.

No entanto, persiste uma clara figura embutida na descrição de P. Ela surge em seu prefácio: "ela disse que esse cara (0,2) isso foi o que ela me disse". A história de P a respeito desses fatos está então duplamente embutida (tanto em "ela disse" quanto em "isso foi o que ela me disse"). Como é que "isso foi o que ela me disse" serve para consertar "ela disse"?

Podemos descolar a natureza desse conserto ao reconhecer que, quando alguém apresenta um relato, cujo desfecho tende a colocar o narrador sob uma luz desfavorável, temos motivos para suspeitar de que essa descrição foi combinada com o objetivo de se colocarem, os personagens centrais, sob uma luz mais favorável. Assim, se P tivesse simplesmente contado o que sua "namorada" relatou a respeito desse incidente, ainda que com isso se revelasse um "amigo de confiança", ele poderia ser igualmente visto como "exageradamente confiante", ou seja, como um estúpido.

Agora entendemos que "isso foi o que ela me disse" o transforma em uma testemunha astuta ao chamar atenção para o problema potencial da credibilidade do relato de sua namorada. Contudo, note-se que, ao contrário desse comentário, P *não está* afirmando diretamente que sua namorada não é digna de crédito. Em vez disso, a história dela é oferecida como tal – como a história *dela* – sem com isso implicar que P saiba tratar-se de algo verdadeiro ou falso.

A beleza da reticência de P nesse "isso foi o que ela me disse" reside no fato de colocá-lo sob uma luz favorável (como um observador sagaz), e mesmo assim não fazer uma denúncia direta da veracidade de sua namorada (uma atitude que nos levaria a vê-lo como um "parceiro desleal"). Isso permite a qualquer ouvinte dessa história acreditar ou descrer do relato da namorada, e ao narrador sair-se bem, seja qual for a conclusão.

Essa é a história de uma namorada infiel, ou de alguém que foi vergonhosamente brutalizada? No entanto, decidimos, P se coloca adequadamente no qualificativo de "parceiro leal" e, com isso, resguarda-se bem. O relato elegantemente elaborado de P deixa a cargo do ouvinte decidir a melhor versão para os "eventos".

O Extrato 3.8 mostra a maneira como C opta por ouvir o relato de P:

Extrato 3.8 (continuação do Extrato 3.7)
```
 8 C: certo: assim, obviamente alguém a obrigou (0,2) a fazer
       alguma coisa =
 9 P: = isso aí=
10 C: =hh não havia nada que ela pudesse fazer
11 P: bem... bem... mas aparentemente era pra isso que eles
       estavam ali: sabe como é
```

C opta por ignorar as ambiguidades brilhantemente embutidas na história de P. Note como seu relato do desfecho daquilo que recém ouvira inicia com "assim, obviamente" (linha 8). Mas essa resposta não é tão simplista. Ao optar por ouvir tal história como sendo a de um estupro (em vez de uma atitude de promiscuidade), C está cumprindo a natureza de sua tarefa, que tem a ver, afinal de contas, com a percepção de risco de seu cliente, em vez de com o *status* moral da parceira sexual dele.

Note-se a agilidade com que P (linha 9) concorda com a escolha de C por uma versão do "aconteceu assim", mesmo detalhando e explicando a versão de C (linha 11). Tendo estabelecido sua história como ambígua, P certamente se colocaria em situação difícil se não acompanhasse a maneira pela qual C também a ouve. Persistir em uma explicação que foi tão obviamente rejeitada por C (a possível promiscuidade da sua namorada) poderia colocar a descrição dele como a de um parceiro desleal.

Através da resposta de C, P descobre o que ele queria dizer desde o início (sua namorada foi violentada). Isso nos faz lembrar que a organização sequencial não é simplesmente uma questão abstrata abordada por obscuros cientistas sociais, mas, em vez disso, algo abordado com muitas minúcias por membros da sociedade. Todos estão profunda e habilmente envolvidos na análise do resultado das ações próprias e de terceiros.

Até aqui, tudo bem. Mas, qual é a relevância prática de tudo isso? Em primeiro lugar, essas tentativas de entender as habilidades das partes envolvidas, tais como demonstradas no lugar dos fatos, proporcionam uma base mais adequada para treinar profissionais do que instruções normativas ou mesmo encenações (ver Silverman, 1997). Em segundo lugar, isso faz com que nos demos conta de que mensurações supostamente confiáveis de "resultados" se afiguram problemáticas tão logo distinguimos que "a história real" é um quebra-cabeças cujos participantes funcionam todos em tempo real.

Meus dois exemplos finais, extraídos de gravações e anotações de campo, focam nesta característica ainda mais diretamente, mostrando como a pergunta "verdade?" pode ser usada como uma acusação contra a confiabilidade do relato de um participante.

Duas clínicas de lábio leporino

Essas clínicas tratam de crianças nascidas com lábios leporinos e/ou fenda palatina. Uma fenda no palato pode impedir a criança de se alimentar e é geralmente corrigida nos primeiros meses de vida. Um lápio leporino é tratável por cirurgia rotineira, de baixo risco, cosmética, geralmente realizada quando o paciente está na adolescência. A justificativa para demorar uma cirurgia cosmética em uma clínica de lábios leporinos reside em que, uma vez sendo a aparência uma questão de decisão pessoal, é melhor deixar esse procedimento para quando a pessoa estiver em uma idade que a capacite a decidir por si, em vez de sob a influência do cirurgião ou dos pais. Na prática, essa suposição razoável entendia que o médico (D) iria formular ao jovem diretamente envolvido uma pergunta no formato mostrado na linha 1 do Extrato 3.9 abaixo, tomado de uma clínica britânica:

Extrato 3.9 (Silverman, 1987: 165)
D. O que você acha da sua aparência, Barry?
   (3,0)
B: Eu não sei
D: Você... parece mesmo que não se preocupa muito.

A resposta de Barry era comum nessa clínica. A menos que ocorresse uma autocorreção mais tardia ou uma intervenção persuasiva dos pais (ambas, muito difíceis de organizar), isso significava que muitos desses pacientes acabavam não fazendo cirurgia cosmética.

Trabalhando com base em evidências desse tipo, argumentei que questionar esses jovens a respeito de sua parência estabelecia a consulta como uma interrogação psicológica que provavelmente conduziria a uma não-intervenção. Isso é reforçado pelo fato de que, mais tarde na consulta, ficou claro que Barry, afinal de contas, queria mesmo uma cirurgia cosmética. Os casos de Barry e de outros jovens mostraram que esses pacientes adolescentes tinham muito menos dificuldade quando simplesmente questionados se queriam ou não uma operação do que quando solicitados a analisar de que forma se sentiam com relação à própria aparência. Com isso podemos ver imediatamente um resultado prático de tão detalhado *"corte de árvores"*. No entanto, uma visita a uma clínica em Brisbane, na Austrália, proporcionou-me o caso de desvio de padrão mostrado no Extrato 3.10:

Extrato 3.10 [Silverman, 1987: 182]
D: Você chega mesmo a se preocupar com a sua aparência?
S: Bem, realmente noto alguma coisa e se, bem, ela pudesse ser melhorada, eu gostaria de ir adiante. A verdade é que me preocupo com isso.

Em apenas um salto, Simon (S) parece ter superado as dificuldades de comunicação que uma pergunta sobre a aparência normalmente gera nessas clínicas. Ele livremente admite que "nota" e "se preocupa" com sua aparência, e, em consequência, gostaria de "ir adiante" com a mudança. O que devemos depreender desse caso aparentemente de desvio de padrão?

A primeira coisa a relatar é que, aos 18 anos de idade, Simon é consideravelmente mais maduro que Barry e outras crianças vistas naquela clínica britânica. Assim, a relutância em discutir a aparência pessoal pode ser algo diretamente relacionado com a idade e diferentes estratégias médicas podem ser aplicáveis conforme as diferentes faixas etárias.

No entanto, havia algo ainda mais interessante a respeito do caso de Simon. E consistia na maneira pela qual seus relatos sobre suas preocupações eram tratados pelos médicos na clínica. O Extrato 3.11, a seguir, é uma continuação do 3.10:

Extrato 3.11 (Silverman, 1987: 183)
S. Eu realmente me preocupo com isso.
D: Verdade?
S: Verdade.
D: Não apenas verdade, mas VERDADE?
S: Sim, de VERDADE.

O que está acontecendo, enfim, nesse extrato? Por que a resposta tão aparentemente definitiva de Simon é submetida a um novo questionamento? Para responder a essas dúvidas, anotei os comentários feitos por um médico antes de Simon entrar no consultório. Eles estão no Extrato 3.12:

Extrato 3.12 (Silverman, 1987: 180)
D: Ele, digo (0,5) trata-se de uma questão de decidir se ele deve mesmo passar por essa operação. E nós estamos, digamos, preocupados com o seu grau de maturidade para decidir, e por isso será muito interessante que você (D se volta para mim) faça um julgamento a respeito quando ele entrar aqui.

Vemos então, do Extrato 3.12, que, antes mesmo de Simon entrar no consultório, seu "grau de maturidade" estará em questão. Somos alertados no sentido de que as respostas de Simon não devem ser julgadas exclusivamente como manifestação de sua vontade, mas sim em função de serem suficientemente maduras ou imaturas, ou até mesmo descartadas e reinterpretadas.

Depois que Simon deixa a sala, o médico manifesta mais algumas preocupações a respeito daquilo que as respostas do jovem "realmente" significam:

Extrato 3.13 (Silverman, 1987: 186)

D: É difícil de avaliar, verdade? É que ele é muito sofisticado em alguns dos comentários e, sei lá (1,0) parece que é, você sabe, aquela visão continuamente radiante dele que me perturba um pouco a respeito do problema, sobre se é realmente adequado fazer a cirurgia.

Por fim, o médico conclui que o comportamento natural de Simon não passa de um "disfarce" para a consciência que tem da própria aparência. Embora tal conclusão seja um tanto estranha, uma vez que Simon admitiu livremente que se preocupa com sua aparência, acaba criando um consenso e todos os médicos presentes concordam que ele está "motivado" e deve passar pela cirurgia.

Esse caso particular aumentou consideravelmente meu entendimento das mecânicas da tomada de decisões na clínica de lábios leporinos. Os dados britânicos tinham sugerido que perguntar às crianças a respeito de sua aparência era algo que tendia a criar para elas problemas que poderiam afastá-las da cirurgia cosmética que estivessem originalmente pretendendo. Os dados australianos mostraram que, mesmo quando um paciente relatou com grande confiança sua preocupação com a aparência, esse fato criou uma complicação adicional. Nesse caso, os médicos passaram a indagar-se: como é que alguém tão preocupado poderia apresentar-se de uma forma tão confiante (ou "radiante")?

Revelava-se então uma situação paradoxal. O raciocínio prático dos médicos havia, sem querer, conduzido ao seguinte impasse:

1. Para conseguir a cirurgia, o jovem precisava queixar-se da própria aparência
2. Aqueles que mais se queixavam dessa aparência seriam quase sempre os menos hábeis na apresentação desse problema, e por isso tendiam a não conseguir a cirurgia

3. Pacientes com queixas seriam vistos como autoconfiantes. Donde se concluiria que seus problemas subjacentes poderiam ser postos em dúvida e eles acabariam não conseguindo a cirurgia

O impasse derivava do casamento do compreensível desejo dos médicos de extrair as versões mais legítimas dos pacientes com versões psicológicas do significado daquilo que os pacientes realmente diziam. Isso pressupõe a importância de entender as versões que os participantes realmente empregam em suas interações e de evitar a busca de um estado mental estável "por trás" da conversa dos pacientes.

Uma vez mais, ao localizar discursos isolados no âmbito de uma sequência de narrativas, conseguimos ver o processo através do qual eles ganham um significado. Resta saber até que ponto esse processo é puramente interacional. Para concretizar tal propósito, recorrerei a mais um caso que, embora seja de um cenário completamente diferente, é bem parecido com aquilo que vimos na clínica de lábios leporinos na Austrália.

Verdade?

Na mesma época em que eu observava as clínicas de cirurgia de lábios leporinos, Gubrium (1988) fazia um estudo etnográfico de Cedarview, um centro residencial de tratamento de crianças emocionalmente perturbadas, nos EUA. O Extrato 3.14, a seguir, envolve três meninos (entre 9 e 10 anos de idade) que conversam em seu dormitório. Gubrium relata ter ouvido essa conversa em um quarto ao lado, enquanto lia revistas em quadrinhos com outros meninos.

Extrato 3.14 (Gubrium, 1988: 10)

Gary:　você consegue mesmo bombinhas com seu irmão?
Tom:　verdade!
(Gary dá início a uma série de contestações da verdade da palavra "verdade")
[Gary e Bill pressionam Tom para que diga a verdade "se não..." se ele estiver fazendo "onda"]
Tom:　verdade, verdade, verdade
Gary e Bill:　[pressionando Tom] nada disso... "cê tá mentindo

Nesse extrato, Gary e Bill põem em dúvida e desafiam Tom a provar que tenha acesso a bombinhas (fogos de artifício). Compare o que eles dizem com o que recém observamos na clínica australiana de tratamento de lábio leporino:

Extrato 3.15 (Extrato 3.11 repetido)
S. Eu realmente me preocupo com isso.
D: Verdade?
S: Verdade.
D: Não apenas verdade, mas VERDADE?
S: Sim, de VERDADE.

Apesar de se tratar de dois cenários e participantes muito diferentes (um grupo de amigos e uma entrevista profissional-cliente), note a maneira pela qual os participantes procuram sistematicamente desvendar o que é "verdade" em cada caso, usando esse termo para formatar perguntas e proporcionar respostas. Em termos formais, ambos os extratos lembram as sequências de acusação-defesa tão comuns nos tribunais de justiça. Seria apropriado dizer que trabalhamos com um fenômeno único que por acaso tem por cenários contextos variados?

Sim, e não. Uma análise das características das sequências de acusação-defesa é na verdade um exercício muito útil, uma vez que pode identificar as várias estratégias de que as pessoas dispõem para fazer ou rebater acusações. No entanto, não podemos excluir as diferentes agendas que os participantes carregam para contextos diferenciados e os recursos dos quais podem lançar mão em, digamos, clínicas médicas, interação em grupos de amigos e tribunais de justiça. Sem esse passo adicional, nossa análise corre o risco de se tornar puramente formalística e, assim, tendente a padecer da ausência do tipo de relevância prática pela qual me interesso.

Gubrium (1988) sugere uma maneira pela qual podemos reformatar essa discussão a fim de determinar os limites extremos de duas espécies diferentes de etnografia. A *etnografia estrutural* visa simplesmente a entender os significados subjetivos dos participantes. Utiliza-se fartamente de entrevistas sem limitações e, como tal, é a abordagem mais comum. Em contraste, a *etnografia articulativa* busca localizar as estruturas formais da interação. Baseia-se normalmente em gravações de áudio ou imagem de interações naturais e identifica estruturas sequenciais como sequências acusação-defesa ou organização de preferências. Gubrium sustenta que, embora ambos os tipos de etnografia respondam a importantes perguntas, não conseguem, mesmo combinados, definir o todo do empreendimento etnográfico. Para alcançar esse objetivo, precisamos entender o contexto no qual as partes geram seus significados e interações.

A fim de atingir essa meta, a *etnografia prática* reconhece que as interpretações dos membros não são nem ilimitada nem puramente formais. Por exemplo, no centro de tratamento de Gubrium, os atendentes construiriam uma visão particular da criança nos diferentes contextos, por exemplo, uma equipe de revisão de tratamento *versus* um encontro com a família da criança. Mais uma vez, sequências de acusação-defesa podem parecer muito diferentes em conversas de crianças em comparação com aquelas ocorridas em uma clínica ou em uma sala de tribunal. Semelhantes ações são, como Gubrium (1988) define, "organizacionalmente embutidas", ou seja, cenários diferentes podem proporcionar aos participantes diferentes significados e recursos interacionais. A tese de Gubrium a respeito é detalhada na Tabela 3.1, a seguir:

Tabela 3.1 Os três tipos de etnografia segundo Gubrium

1. Etnografia estrutural: a organização e distribuição de significados subjetivos no âmbito de uma comunidade (p. ex., amizades e alianças entre crianças; como os membros reagiam ao episódio dos fogos artificiais com as diferentes versões da personalidade de Tom ("um mentiroso crônico", "um negociador hábil"), isto é, os QUEs da vida em sociedade *(mapeando as florestas)*.

2. Etnografia articulativa: como os significados são localmente percebidos, isto é, os COMOs da interação, p. ex., organização local de sequências de acusação-defesa nos Extratos 3.14 e 3.15 *(cortar árvores)*

3. Etnografia prática: "práticos da vida rotineira não apenas interpretam seus mundos, como o fazem sob patrocínios discerníveis com agendas identificáveis" (1988: 34), p. ex., sequências de acusações parecem diferentes em conversas de crianças, em uma clínica ou em um tribunal de justiça.

Conclusão: Um papel para a pesquisa qualitativa

As opções apresentadas na Tabela 3.1 não são exatamente alternativas, mas acima de tudo questões complementares que precisam ser respondidas em uma sequência particular. Como irei demonstrar, isso ocorre porque a força maior da pesquisa qualitativa reside em sua capacidade de estudar fenômenos que são simplesmente indisponíveis em outros campos.

Os pesquisadores quantitativos preocupam-se corretamente em estabelecer correlações entre variáveis. No entanto, embora essa abordagem tenha muito a nos revelar a respeito de *inputs* e *outputs* em alguns fenômenos (p.ex., aconselhamento), precisa satisfazer-se com uma definição puramente "operacional" de cada fenômeno, e não conta com os recursos necessários para descrever como esse fenômeno é constituído localmente (ver Figura 3.1). Como resultado, sua contribuição para os problemas sociais é desequilibrada e limitada.

inputs → [o fenômeno] → *outputs*

Figura 3.1 O fenômeno ausente em pesquisa quantitativa.

Como se não bastasse, quando os pesquisadores qualitativos usam entrevistas com questões abertas para tentar extrair as percepções dos indivíduos, eles igualmente tornam indisponíveis as situações e os contextos com os quais seus sujeitos se relacionam (ver Figura 3.2).

percepções → [o fenômeno] → reações

Figura 3.2 O fenômeno ausente em (certa) pesquisa qualitativa.

A verdadeira força da pesquisa qualitativa reside em que ela pode usar dados de ocorrência natural para localizar as sequências interacionais ("como") nas quais os significados ("o que") dos participantes se desenrolam. Uma vez estabelecido o caráter de alguns fenômenos, pode-se (mas apenas então) avançar para responder as perguntas sobre o porquê mediante o exame da maneira pela qual os fenômenos se encaixam organizacionalmente (ver Figura 3.3).

> os "o que"? → o fenômeno
> os "como"?   ↑
>   encaixe
>   organizacional (por quê?)

Figura 3.3 O fenômeno reaparece.

O tipo de pesquisa esboçada na Figura 3.3 consegue responder aos porquês mediante a localização de limites circunstanciais de uso. Este capítulo apresentou diversos exemplos desses limites (p. ex., como os cirurgiões da fenda palatina precisam descobrir os "verdadeiros" sentimentos de seus pacientes a respeito de sua aparência; como os conselheiros sobre HIV buscam estabelecer o *status* de risco de seus clientes e não explorar a moralidade das ações de seus parceiros; as fórmulas pelas quais o "pensamento positivo" é uma maneira culturalmente aprovada de fazer com que os pacientes de câncer definam suas perspectivas e os recursos disponíveis para os membros de um grupo de amigos).

Mais de uma década atrás, em um ensaio com Gubrium (Silverman e Gubrium, 1994), sustentei que, ao contrário da pesquisa quantitativa, adiamos as perguntas sobre o porquê em benefício daquelas que tratam do "que" e do "como" (argumentos mais recentes de Gubrium podem ser vistos em Holstein e Gubrium, 2004). Neste capítulo, procurei desenvolver aquele argumento. Uma pesquisa que simplesmente descreve instâncias de percepções ficaria melhor em termos de correlações disponíveis em pesquisa de levantamento (*survey*). Em contraste, a pesquisa qualitativa pode avaliar os "o que" e os "como?" da interação. Esses "o que?" e "como?" devem ser encontrados mediante o estudo da administração local pelos participantes de sequências de interação que estejam organizacionalmente encaixadas.

Neste capítulo, trilhamos um caminho um tanto complicado buscando entender como os (melhores) pesquisadores qualitativos procuram tirar sentido de seus dados. Com isso, sei que introduzi algumas ideias bastante complicadas a respeito daquilo que batizei de "organização sequencial".

Os comentários de Jonathan Potter no início do capítulo revelam que a pesquisa de mercado comercial tem pouca utilidade para esse tipo de análise aprofundada e prefere respostas rápidas para questões (geralmente) menos complicadas. Pesquisadores comerciais, e talvez alguns estudantes que tenham lido este capítulo, poderão pensar que meu recurso a pensadores "esotéricos" como Sacks e Saussure tenha servido apenas para atrapalhar sua visão com excesso de ciência.

A tarefa restante é reunir e extrair sentido das pistas aqui contidas, no sentido de que a espécie de análise de dados com base em teoria que descrevi possa ter alguma utilidade prática. No capítulo a seguir, buscarei responder a uma pergunta da maior importância: "Onde está a substância?".

4
Aplicando a Pesquisa Qualitativa

Os etnógrafos têm com o "campo" uma proximidade impraticável para os pesquisadores quantitativos. Isso praticamente os coloca na obrigação de refletir sobre o impacto das constatações das pesquisas em relação às pessoas que estudam. A seguir, alguns pensamentos de Jay Gubrium a respeito dessa questão, depois da pesquisa que realizou em Cedarview, o residencial para adolescentes com distúrbios discutido no Capítulo 3:

> As "constatações", mais do que revelar algo de novo sobre pacientes que pudesse ser útil para eles (a equipe de Cedarview) em seu trabalho, apresentaram, isto sim, um quadro daquilo que eles – a equipe – precisavam enfrentar. Vezes e vezes sem conta, eles diriam sim, é correto, é isso que precisamos fazer, especialmente em Cedarview. Eles reconheceram que estavam representativamente em dívida com as fontes de recursos do departamento de previdência do condado, e constataram que eu estava demonstrando o que seriam "obrigados" a fazer como resultado disso. Eles estavam conscientes, em outras palavras, da razão pela qual deviam retratar as crianças da maneira pela qual o faziam, e não gostaram muito disso. Mais uma vez, em outros momentos, em outros contextos, entendiam aquilo que eu tinha a dizer como cínico demais, orientado para o público. Havia problemas realmente, em outras palavras, os quais eles estavam enfrentando de maneira efetiva, ou pelo menos da melhor maneira possível dentro das circunstâncias.
>
> Há uma história que precisa ser contada a respeito de meu material de campo com referência a tudo isso. Penso ter chegado a hora para que eu, e talvez você e outros, contem essa história. Fomos todos nós que desconstruímos as vidas dos internos, mas não chegamos sequer perto de perguntar o que as dinâmicas em prática estavam fazendo por eles como atores com investimentos em seus desempenhos. (Gubrium, 2006, comunicação pessoal)

Seguindo o conselho de Gubrium, neste capítulo levo em consideração a "história a ser contada" a respeito da relevância de nossa espécie de pesquisa. Começo por examinar o contexto às vezes mais amplo no qual buscamos convencer pessoas da aplicabilidade da pesquisa qualitativa. Isso é seguido por uma discussão de fascinantes constatações baseadas em pesquisa qualitativa em duas áreas importantes, relacionadas: comportamento organizacional e relações profissional-cliente. A partir daí, concluo mostrando que, ao contrário das suposições populares, a pesquisa qualitativa de relevância política é compatível com determinadas espécies de contagem.

O próprio Gubrium desenvolveu sólidos argumentos a favor da aplicabilidade prática do trabalho qualitativo, mostrando como a boa etnografia, ao revelar o "que" e o "como" dos processos institucionais, pode acessar fenômenos que, como destaquei no capítulo anterior, "escapam" ao escrutínio da pesquisa quantitativa. No estudo de caso relatado a seguir, Anne Ryen proporciona um exemplo de como a etnografia pode estabelecer uma ligação direta com a prática.

Da floresta para o negócio: fazendo minha pesquisa ser importante

As reflexões a seguir se referem ao trabalho que desenvolvi na África Oriental ao longo de 15 anos. Nos últimos cinco anos, venho fazendo trabalho etnográfico em organizações empresariais administradas por asiáticos.

Com base nos *insights* obtidos em meus estudos, fui contratada pela direção de uma empresa privada norueguesa com sede em Uganda. A companhia é uma organização comum de negócios competindo no duro mercado privado de Uganda. A concorrência é feroz e enfrentamos outras organizações internacionais de negócios na mesma linha. Nossa ideia de negócios é considerada como tendo um mercado potencial muito bom e as oportunidades para a geração de boa fortuna são consideráveis.

O desafio procedeu da necessidade de administrar uma empresa iniciante sob circunstâncias em que prevalecia uma grande discrepância entre o orçamento e as contas, acentuada pelos relatórios em geral positivos de nosso gerente geral. Precisávamos de uma constante reformulação de nossa ideia de negócio, que incluía três organizações interligadas, e que saíssemos ao mercado buscando maiores investimentos de outros capitalistas (que dispusessem de muito dinheiro) simplesmente para administrar os problemas que estavam por vir.

Meus dados me proporcionaram um conhecimento ímpar sobre a administração de uma empresa privada na região, com desafios sucedendo-se diariamente. Isso chegou a afetar minhas relações de campo em proporção tal que agora capitalizo sobre minha identidade de "mulher de negócios" como uma nova forma de comunicar-me com as pessoas em trabalho de campo. Eu havia recém recebido uma proposta para dar início a uma nova empresa com uma dessas pessoas. Assim, a aplicação de minha pesquisa significou um salto de volta ao projeto original. Isso passou a basear tanto meu trabalho na diretoria quanto meu trabalho de campo. (Ryen, comunicação pessoal, 2006)

O contexto mais amplo

Infelizmente, em muitas sociedades a mensagem otimista de Ryen não parece ter transitado ao longo dos organismos que financiam ou implementam pesquisas sociais. Os fatores "*push*" e "*pull*" tiveram importância a esse respeito. Os planejadores e os administradores foram afastados da pesquisa etnográfica porque ela necessita de um tempo relativamente prolongado para ficar pronta e parece fazer uso de amostragens não representativas do conjunto. Embora existam etnógrafos com a capacidade de produzir poderosos argumentos sobre o que pode ser extraído de um caso único, bem pesquisado (Flyvbjerg, 2004), outros turvam desnecessariamente as águas com posicionamentos políticos e por dar a entender que não querem ter nada a ver com padrões científicos convencionais (ver minha discussão sobre pós-modernismo no Capítulo 5).

O "*pull*" da pesquisa quantitativa reside em que ela tende a definir seus problemas de pesquisa de uma forma que adquire sentido imediato para os profissionais e administradores. Em primeiro lugar, ao contrário de muitos pesquisadores qualitativos, o pessoal da quantitativa tem poucos escrúpulos quanto a extrair suas variáveis (ainda que "operacionalizadas") de manchetes de atualidades (p. ex., "crime", "pobreza" ou "comunicação eficiente"), ou falar uma linguagem científica de causa e efeito. Em segundo lugar, precisamente por ter a pesquisa quantitativa normalmente pouco a dizer sobre a maneira pela qual a prática profissional é desenvolvida, deixa semelhante prática sem exame e, portanto, sem contestação ou desafio. Em contraste, os profissionais mostram-se compreensivelmente protetores quando constatam que suas teorias preferidas estão sob o microscópio do pesquisador. Essa situação é destacada por Jonathan Potter:

> Entendo que, em termos gerais, fomos atingidos por alguns percalços na tentativa de sermos mais "aplicados". Em primeiro lugar, os especialistas tendem a entrar em confronto com o que é pesquisado, pois são muitas vezes treinados naquilo que fazem com a utilização de exemplos já consagrados a partir de alguma primitiva ortodoxia em ciência social (aconselhamento, psicanálise, seja lá o que for). Eles "veem" suas práticas nesses termos. Nossos especialistas em proteção de crianças trabalhando para uma entidade beneficente (ver Hepburn e Potter, 2004) relutam quase sempre em se aprofundar a partir de uma versão generalizada (e individualizada) da psicanálise quando falam a respeito dos encontros ali realizados.
>
> Em segundo lugar, é muito difícil reduzir suposições normativas a respeito das práticas das pessoas. Por exemplo, quando [em um estudo de grupos de foco] prestamos atenção à moderação dos especialistas mediadores quando faziam perguntas, sempre de maneira notavelmente diferente de todos os manuais sobre mediação de grupos de foco. E os autores desses manuais relutavam demais em ver nossa pesquisa como uma redução daquilo que eles proclamavam ser a realidade, simplesmente pelo fato de se tratar de uma situação delicada para eles. (Potter, comunicação pessoal, 2006)

A comunicação médico-paciente, ao que tudo indica, constitui a principal área de prática pesquisada pelos cientistas sociais. É indiscutível que o principal instrumento de pesquisa no campo é uma mensuração quantitativa desenvolvida por Debra Roter, que admite uma contagem simples de diferentes "eventos" de comunicação (p.ex., perguntas dos pacientes). Como John Heritage e Douglas Maynard (2006) destacaram: "... o sistema Roter tem servido como pedra fundamental para o estudo do relacionamento médico-paciente ao longo dos últimos 20 anos".

E mesmo assim, como eles observam, o sistema Roter "não é isento de controvérsia". Em especial:

> Críticas ao sistema... focaram exatamente naqueles fatores que contribuíram para seu sucesso – sua capacidade de proporcionar uma visão geral exaustiva e quantificada do encontro médico-paciente... [Tais] modelos não levam suficientemente em conta o contexto ou conteúdo das visitas médicas, sacrificando tudo isso em proveito de uma visão geral das consultas médicas nas quais a interatividade – a capacidade de uma das partes de influenciar o comportamento da outra, ou de ajustar seu comportamento em reação a outro – se torna invisível. A partir daí, como o conteúdo ou contexto da entrevista não é avaliado, esses métodos supõem implicitamente a inexistência de conexões entre a maneira pela qual as pessoas falam e/ou sobre o que elas falam, ou por que elas falam.... Por fim, as preferências gerais dos pacientes podem variar em relação às condições das doenças: um paciente consumista no contexto de infecções respiratórias das vias superiores pode buscar uma instância mais paternalista do que a de um médico no contexto de um diagnóstico de câncer. (Heritage e Maynard, 2006: 357-358)

Resumidamente, pretendo discutir a pesquisa pioneira do próprio Maynard sobre a organização do relato das novidades na interação médico-paciente. Infelizmente, mesmo quando as demonstrações das limitações da pesquisa quantitativa são levadas em consideração pelos definidores de políticas, eles normalmente não recorrem ao tipo de pesquisa etnográfica de Maynard sobre o fenômeno propriamente dito. Em vez disso, em muitas sociedades o único tipo de pesquisa qualitativa que os responsáveis pelas políticas se dispõem a encomendar são grupos de foco ou estudos de entrevistas "exploratórias" que, quando bem-sucedidas, podem formar a base de subsequentes ou revistos estudos quantitativos. Em contraste com a pesquisa etnográfica, essas espécies de estudos qualitativos podem produzir resultados em poucos dias ou semanas, e com isso proporcionam o tipo de "resposta rápida" desejado pelos que encomendam as pesquisas.

Pense, por exemplo, sobre como os grupos de foco passaram a constituir um dos principais determinantes da maneira pela qual os partidos políticos orquestram suas campanhas eleitorais.

A ironia está em que essas técnicas relativamente favorecidas, como vimos no capítulo anterior, compartilham com a pesquisa quantitativa uma incapacidade de acessar o tópico (de grande importância prática) sobre a maneira pela qual as instituições são normalmente representadas.

Parte do problema emerge de duas perigosas ortodoxias encasteladas no pensamento de muitos cientistas sociais e planejadores que viabilizam a pesquisa social. A primeira ortodoxia diz que as pessoas são marionetes das estruturas sociais. De acordo com esse modelo, aquilo que as pessoas fazem é definido pela "sociedade". Na prática, isso reduz o nível de explicar o comportamento das pessoas a determinadas variáveis de "credenciais" (entre elas, classe social, gênero ou etnia). Permitam-me falar desta *Ortodoxia Explanatória*. De acordo com ela, os cientistas sociais fazem pesquisas para proporcionar explicações de determinados dados (p. ex., por que os indivíduos participam de sexo inseguro?). Inevitavelmente, tal pesquisa encontrará explicações baseadas em uma ou mais variáveis de "face sheet".*

A segunda ortodoxia diz que as pessoas são "fantoches". O conhecimento dos respondentes de entrevistas é sempre presumivelmente imperfeito; na verdade, eles podem até mesmo mentir para nós. Da mesma forma, supõe-se que os profissionais da área (entre os quais médicos ou conselheiros) estejam sempre se desviando de padrões normativos da boa prática. Esta é a *Divina Ortodoxia*. Faz do cientista social um rei filósofo (ou rainha) que é sempre capaz de ver através das queixas das pessoas e saber de tudo melhor que as próprias.

O que há de errado com essas duas ortodoxias? A Ortodoxia Explanatória está sempre tão preocupada em chegar logo a uma explicação que acaba não fazendo perguntas mais aprofundadas a respeito daquilo que está explicando.

Existe um paralelo aqui que devemos agora chamar de fenômeno "pós-moderno". Concluo que os visitantes do Grand Canyon, no estado do Arizona, estão hoje liberados daquela difícil tarefa que é explorar o Canyon ao vivo. Em vez disso, podem passar uma

---

* N. de R.T.: Página introdutória de um documento que representa os pontos principais contidos no próprio documento (resumo executivo).

hora ou mais, extasiados, em uma experiência multimídia capaz de lhes proporcionar todos aqueles desafios de uma maneira pré-digerida. Depois disso, podem voltar à vida normal, reforçados pelo acréscimo de que "fizeram" o Grand Canyon (para maiores comentários sobre esse fenômeno, ver Percy, 2002).

Tal exemplo é parte de algo de ainda maiores proporções. Na cultura contemporânea, o ambiente em torno dos fenômenos passou a ser mais importante do que os fenômenos propriamente ditos. Assim, as pessoas tendem a interessar-se mais pelas vidas dos astros e estrelas do cinema do que pelos próprios filmes. Da mesma maneira, em eventos esportivos, a "ola" dos torcedores e as entrevistas antes e após as partidas com os principais jogadores chegam a ser tão ou mais entusiasmantes do que a competição em si. Nos termos usados no Capítulo 3, em ambos os casos *o fenômeno escapa.*

É precisamente isso que a Ortodoxia Explanatória incentiva. Como nos apressamos a oferecer explicações para todos os tipos de fenômenos sociais, raramente temos tempo suficiente para entender de que maneira esses fenômenos agem. Assim, como pude constatar quando do estudo de aconselhamento de testes de HIV (Silverman, 1997), os pesquisadores tendem a simplesmente impor uma "definição operacional" de "sexo inseguro" ou uma versão normativa do "bom aconselhamento", falhando por inteiro em relação a examinar como tais atividades adquirem significado naquilo que as pessoas fazem em situações do dia-a-dia (ocorrências naturais).

Isso conduz diretamente à loucura da Divina Ortodoxia. Seus métodos bloqueiam a visão do bom senso daquilo que as pessoas fazem, ou de entender suas habilidades em contextos locais. Dá preferência a entrevistas nas quais as pessoas são forçadas a responder a perguntas que raramente emergem em seu dia-a-dia. E porque impede que se observem essas vidas, condena as pessoas a falhar no entendimento de que somos todos mais sábios do que podemos dizer claramente. Mesmo quando examina o que as pessoas estão realmente fazendo, a Divina Ortodoxia avalia suas atividades de acordo com alguns padrões normativos idealizados, como a "boa comunicação". Assim, e uma vez mais, como pessoas comuns, os profissionais estão condenados a fracassar.

Em semelhante ambiente, a pesquisa qualitativa tornou-se o "primo pobre", com suas formas mais problemáticas servindo, no máximo, como auxiliares para seu primo mais respeitável que consegue expressar constatações em números. Mesmo quando se financia e publica uma boa pesquisa etnográfica com claras implicações práticas, interesses velados podem montar um ataque efetivo contra os resultados com base em sua legitimidade científica "questionável".

Como em todas as regras, existem sempre exceções. Por exemplo, a pesquisa de *marketing* tem acomodado um bom número de métodos razoavelmente sofisticados, comprovando ter valor para as atividades empresariais (ver Moisander e Valtonen, 2006). Contudo, a reação mais comum de animosidade e resistência à pesquisa qualitativa é demonstrada no estudo de caso a seguir:

A controvérsia dos "erros médicos"

Em 2005, uma renomada publicação especializada da área da medicina (o *Journal of The American Medical Association*) divulgou um estudo do etnógrafo Ross Koppel sobre um sistema de *software* que permitia consulta computadorizada de receitas médicas (CPOE, das iniciais em inglês) das receitas de medicamentos controlados nos hospitais dos EUA (Koppel, 2005). Esse estudo surgiu por acaso, quando Koppel fazia pesquisa sobre o estresse enfrentado pelos novos médicos residentes. Constatou-se que o sistema do CPOE produzia não apenas estresse entre esses médicos, mas também um número significativo de erros (embora, como o próprio Koppel destacasse, parte desses erros possa não ter sido sentida como estressante na época). Mais ainda, embora já houvesse estudos realizados sobre como funcionava o CPOE, eram sobretudo estudos quantitativos, e nenhum deles com base em entrevistas e observações desses jovens médicos.

A fim de estabelecer a extensão do fenômeno, Koppel elaborou um estudo de multimétodos que incorporou entrevistas pessoais e grupos de foco com médicos residentes, acompanhando os médicos quando da emissão de receitas pelo sistema e observando enfermeiras e farmacêuticos ao receberem tais prescrições, entrevistas com *médicos mais experimentados* e enfermeiras, e um questionário de 72 itens com uma amostragem de 90% de médicos residentes. Os erros de prescrição descobertos incluíam aqueles cometidos pelos médicos ao deixar de suspender um remédio quando da emissão da receita de um substituto, confusões sobre qual paciente recebia qual remédio, e trocas de relações de estoque por diretrizes clínicas.

Nos Estados Unidos, estima-se que os erros com medicamentos no âmbito de hospitais sejam responsáveis pela morte de 40 mil pacientes anualmente e pelo agravamento do estado de outros 770 mil. De acordo com o estudo de Koppel, os sistemas CPOE na verdade podem facilitar os erros. Ironicamente, o CPOE se mostrou de extrema utilidade na detecção e impedimento de erros com poucas consequências perigosas. Em especial, a maneira pela qual o CPOE fora programado tinha duas consequências infelizes: amostragens fragmentadas de dados significavam que os médicos tinham dificuldades na identificação dos pacientes para os quais estavam prescrevendo, e o sistema não funcionava da mesma maneira que os médicos, algo que, naturalmente, criava confusão ou trabalho adicional para ajustar as ambiguidades.

Tendo em vista o amplo apoio do governo e da indústria ao CPOE, não constituiu surpresa o destaque dado às constatações de Koppel pela mídia nacional, nem o fato de terem se transformado em alvo instantâneo de uma série de críticas. Muitos pesquisadores médicos indicaram que pesquisas qualitativas como essa não teriam condições de produzir "dados concretos". Os fabricantes dos sistemas CPOE lançaram uma campanha denunciando que Koppel havia "simplesmente falado com algumas pessoas" e relatado "alguns episódios". O principal, segundo o que se disse ao público, estava na deficiência do estudo de Koppel por não apresentar nenhuma medida de eventos desfavoráveis com remédios e não ter identificado erros "reais", mas apenas "percepções de erros". Os críticos igualmente garantiram que ele tinha estudado um sistema CPOE já defasado, e que novos sistemas haviam corrigido todos os problemas apontados.

Em resposta, Koppel e seus colaboradores apresentaram três argumentos. Em primeiro lugar, demonstraram as limitações de pesquisas anteriores que foram usadas contra eles:

> "A maioria das pesquisas sobre o CPOE foi conduzida para mostrar suas vantagens sobre os sistemas com base em papel; praticamente toda a pesquisa se concentrou em [incidentes desfavoráveis] potenciais, em vez de em concretos; muitos estudos focaram a satisfação dos médicos, as barreiras à aceitação, resultados isolados, e amostragens muito limitadas; vários estudos combinam o CPOE e sistemas de

> suporte de decisões clínicas, com isso confundindo a interpretação da eficácia do CPOE."

Em segundo lugar, Koppel e seus colaboradores sustentaram que a maioria de seus críticos havia confundido o valor da observação do processo da tomada de decisões médicas em tempo real. Em terceiro lugar, pesquisas adicionais de Koppel não sustentam as alegações de que novos sistemas de CPOE tenham resolvido todos os problemas anteriormente constatados.

O estudo de Koppel é um exemplo fascinante daquilo que pode acontecer quando pesquisadores qualitativos enfrentam o que acaba se revelando um tópico controvertido. Revela que a força de interesses velados pode funcionar para denegrir a pesquisa qualitativa em sustentação a planos ocultos. Dessa forma, a força principal de semelhante estudo etnográfico (sua capacidade de detalhar tudo o que acontece *in situ*) é apresentada como uma fraqueza.

Fator central nesse trabalho etnográfico de relevância política é a suposição de que a observação direta *in situ* (algumas vezes auxiliada por instrumentos de gravação) é a chave para o entendimento da forma de funcionamento das instituições. Isso significa que, como argumentei no Capítulo 2, outros métodos de pesquisa, entre eles entrevistas ou grupos de foco, não podem ser tratados como se oferecessem qualquer espécie de acesso privilegiado à maneira pela qual as pessoas verdadeiramente se comportam.

Gale Miller e Kathryn Fox mostram que nossa preocupação com a observação indica que, ao contrário de entrevistadores qualitativos que se preocupam com as percepções ("mundos sociais"), nosso foco se concentra infatigavelmente em como as instituições são concebidas por seus participantes ("cenários sociais"). De acordo com sua concepção:

> O foco das observações de etnógrafos discursivamente orientados é diferente daquele de outros pesquisadores qualitativos. Uma maneira de entender essa diferença consiste em analisar o que significa estudar cenários sociais em comparação com mundos sociais. O segundo desses tópicos de pesquisa supõe que a vida diária é organizada dentro de modos de vida relativa-

mente estáveis e integrados... Os pesquisadores qualitativos de mundos sociais usam métodos observacionais e relacionados para identificar e reconceber as perspectivas e padrões de ação e interação que organizam mundos sociais diversos. A pesquisa focada discursivamente sobre cenários sociais, por outro lado, dá ênfase à maneira pela qual as realidades sociais estão sempre sendo construídas. Leva também em conta como os protagonistas desses cenários continuamente formulam e usam os recursos interacionais e interpretativos "providenciados" pelos conjuntos sociais para conceber, defender, consertar e mudar realidades sociais. Daí a ênfase dos etnógrafos discursivamente orientados em observar (diretamente, por meio de gravações de som e imagem, e pela cuidadosa leitura de textos) as formas reais pelas quais os membros do cenário concebem realidades sociais dando sentido às questões práticas. (2004: 38)

Em apenas um capítulo, não posso pretender muito mais do que proporcionar ao leitor uma pequena amostra das incontáveis contribuições práticas relevantes à sociedade pelo que Miller e Fox chamam de "pesquisa focada discursivamente sobre cenários sociais". Por isso, limitei o que virá a seguir a duas áreas importantes, relacionadas:

- Comportamento organizacional e tecnologias
- Relações profissional-cliente

Tendo discutido alguns estudos básicos em cada uma dessas áreas, pretendo demonstrar que, como a maioria das polaridades (i.e., pesquisa pura/aplicada; dados fabricados/descobertos), a polaridade entre pesquisa que usa números e pesquisa qualitativa pode ser levada para além da conta. Depois, concluirei o capítulo voltando ao tipo de temas orientadores que venho até aqui abordando.

Comportamento organizacional e tecnologias

A pesquisa etnográfica, em seu ponto mais destacado, combate aquilo que chamei de "ortodoxia explanatória" com a finalidade de conter o fenômeno do "escapamento" da vida organizacional. Como Gale Miller, Robert Dingwall e Elizabeth Murphy constataram, uma das principais forças da pesquisa etnográfica reside na possibilidade de a observação *in situ* levar à identificação de "melhores práticas" anteriormente não identificadas. Como esses autores destacam:

> ..."melhores práticas" [servem] para ilustrar o destacado ponto de vantagem dos pesquisadores qualitativos ao observar de que maneira as soluções de problemas organizacionais são muitas vezes já evidentes nas práticas diuturnas das organizações envolvidas. A discussão de Ker Muir (1977) a respeito das diferenciadoras práticas e orientações de agentes policiais profissionais é um exemplo a respeito da maneira pela qual os pesquisadores qualitativos podem identificar as melhores práticas ocultas por padrões dominantes problemáticos, trabalho eficaz no âmbito de um ambiente conturbado. O estudo de Orr (1996) sobre técnicos de máquinas copiadoras, por outro lado, mostra como a pesquisa qualitativa pode revelar melhores práticas generalizadas (ainda que oficialmente não reconhecidas e até mesmo reprimidas) desenvolvidas por membros da organização com a finalidade de concretizar as metas organizacionais. (Miller et al., 2004: 338)

Pesquisadores que buscam a "melhor prática" trilham na verdade um caminho escorregadio. Seria o caso de seguir Miller e colaboradores e identificar "melhor prática" com as "metas" estabelecidas da organização envolvida? Ou, alternativamente, deveriam os pesquisadores começar a partir de seus próprios padrões normativos (p.ex., *fair play*, "preocupação com o meio ambiente") e encaminhar uma auditoria para verificar até que ponto uma organização satisfaz tais padrões?

Qualquer que venha a ser a posição por nós adotada nessas instâncias daquilo que *deveria* ser, poucos irão contestar o argumento de que o debate sobre o comportamento de uma organização é mais bem atendido pelo conhecimento dos fatos a respeito daquilo que *é* o caso. Um excelente estudo recente sobre como os esquemas de avaliação de empregados são instituídos poderá servir como um exemplo a respeito da maneira pela qual a pesquisa qualitativa consegue revelar um número de fatos desafiadores sobre aquilo que faz as organizações funcionarem.

Eva Nadai e Christoph Maeder (2006), dois etnógrafos suíços, desenvolveram uma etnografia de múltiplos locais consistente de estudos de casos em três empresas (companhia multinacional, rede de varejo, banco) e três programas de integração de trabalho para desempregados (um *workshop* para pessoas sem habilidades específicas, uma empresa de treinamento para trabalhadores de escritório e um programa de jovens). Os dados de Nadai e Maeder consistiram em notas de trabalho de campo relativas a cerca de 80 dias de visitas a campo, bem como em inúmeras interações e entrevistas gravadas com gestores e funcionários. Por questão de espaço, minha discussão, a seguir, omite sua fascinante comparação entre organizações públicas e privadas, e, em vez disso, foca em suas constatações relativas às três empresas.

Nadai e Maeder destacam que uma das três empresas privadas da pesquisa, a companhia multinacional que eles chamam de *Galactica*, usou um esquema muito mais estruturado de avaliação do que as outras duas. Como destacaram:

> Desempenho é o tema que permeia toda a cultura organizacional da GALACTICA. A companhia tem como meta tornar-se a ''melhor do gênero'', isto é, a maior competidora em sua área, e em consequência faz com que todos os seus empregado se comprometam com a meta da "excelência". Há uma terminologia altamente sofisticada relacionada ao nível de desempenho das pessoas, especialmente no "topo" da escala, em que encontramos criações como "alto potencial", "alto desempenho", "devem ser promovidos (ou realocados)", e semelhantes. Os funcionários são avaliados duas vezes ao ano no âmbito de um ciclo de desenvolvimento de RH chamado PROCESSO DE AVANÇO, que é aplicado em todo o mundo para funcionários e administradores em todos os níveis, exceto no do topo. Esse modelo é originário da Harvard Business School, com a qual a GALACTICA coopera intimamente: cada gestor acima de um determinado nível precisa participar de treinamentos especialmente projetados e fornecidos por essa universidade para a companhia. O modelo distingue analiticamente duas dimensões – desempenho e atitude – em uma escala nominal de três pontos. Um funcionário pode "superar", "atingir" ou "ficar abaixo" das metas fixadas em ambos os eixos. (2006:9)

A seguir, a maneira pela qual o modelo de avaliação usado na Galactica define desempenho:

> O empregado com pelo menos uma nota 1- (1 menos) é incluído na faixa do "baixo desempenho". Tomados conjuntamente, todos os campos contendo um número 1 formam um L maiúsculo, que representa tudo aquilo que é considerado "*low*" (baixo) na companhia. Seguindo essa lógica de distribuição e atribuição, encontramos empregados de alto desempenho em qualquer campo com um 3. O centro da matriz é o funcionário "bom" ou "esforçado" que nunca se destaca da média – para mais ou para menos. Contudo, e porque em função de tal lógica o desenvolvimento do funcionário nunca pode parar, as exigências para um determinado campo da matriz estão sempre mudando. Isso significa que o sistema é usado para "aumentar o nível" de exigência, elevando as exigências de desempenho e atitude a cada ano para todos e cada um dos funcionários. Por isso, o nível satisfatório do ano atual não será suficiente no próximo. O princípio da elevação do nível é organizado em um processo de cima para baixo: uma vez por ano o "grupo de diretores executivos" (CEG, ou *chief executive group*, o nível superior da companhia) estabelece as "dez prioridades" do ano. Os gestores precisam então traduzir essas prioridades em metas práticas de comportamento e performance, e adaptá-las às exigências e objetivos já existentes para cada um dos empregados. Dessa forma, fica institucionalizado um processo sem fim de aperfeiçoamento. (2006: 9)

As outras duas companhias estudadas por Nadai e Maeder – *Universum*, uma rede de lojas de varejo, e *Pecunia*, um banco – não têm nada parecido com esse complicado formato de avaliação de empregados *made in* Harvard Business School. Como os autores destacam:

> Enquanto encontramos uma complicada terminologia designando os níveis de desempenho na GALACTICA, por exemplo, a UNIVERSUM e o PECUNIA não têm sequer termos especiais para funcionários de baixo ou alto desempenho, a não ser algumas nuanças entre os respectivos *status*. E ainda que "desempenho" seja o conceito central para legitimar procedimentos de RH e sistemas de remuneração na GALACTICA, o tópico da "redução de custos" cumpre função similar na UNIVERSUM.

No PECUNIA, a introdução de um sistema de avaliação dos funcionários está ligada à ideia de uma necessária modernização da cultura organizacional, mas a cultura não conta com um forte padrão de legitimação relativo ao desempenho... (2006:13)

Apesar desses esquemas diferenciados de mensuração de desempenho, Nadai e Maeder destacam que, previsivelmente, não havia ligação direta entre qualquer esquema determinado e aquilo que realmente acontecia na avaliação do desempenho. Em entrevistas de pesquisa, "mesmo a aparentemente simples escala de três pontos da GALACTICA era interpretada de maneira diferente por informantes diferentes. E muitos dos informantes admitiram que alguns aspectos do desempenho não podem ser determinados com garantia de total precisão". (2006: 13)

O que isso significou com relação aos estilos de implementação desses diferentes esquemas de avaliação e quais foram as consequências quando da conclusão das avaliações? A etnografia de Nadai e Maeder mostra seis espantosas similaridades entre as três companhias:

1. Ainda que os gerentes percebam a existência de defeitos nos esquemas de mensuração, Nadai e Maeder destacam que, quando os mesmos gerentes funcionam como avaliadores, eles agem "como se uma avaliação exata fosse possível, e trabalham essas avaliações como fatos objetivos que justificam o tratamento correspondente aos empregados. Assim, a suposição de objetividade é consequente apesar da dissensão". (2006:12)
2. Isso significou que "o desempenho do indivíduo é tido como sendo o único fator determinante legítimo de seu valor para a companhia". Com isso, os avaliadores agem como se "desempenho devesse compreender *consequências* negativas ou positivas". (2006: 13)
3. Nas três companhias, tem-se como estabelecido que os níveis de desempenho sigam a distribuição normal ao longo de toda a força de trabalho: haverá sempre poucos elementos de "baixo" ou "alto" desempenho, com a imensa maioria dos funcionários ficando em algum ponto entre esses extremos. (2006: 13)
4. Apesar da manutenção dessas hipóteses que se ajustam ao modelo de trabalho das respectivas empresas, Nadai e Maeder destacam que um desempenho insatisfatório, uma vez

percebido, pode deixar de ser oficialmente registrado. Isso ocorre porque "os supervisores podem preferir não rotular seus subordinados como trabalhadores ineficientes, por exemplo, quando repetidos índices de desempenho insuficiente dos empregados sob seu cuidado são atribuídos em parte a seu chefe, ou quando o empregado, por algum motivo qualquer, é tido como insubstituível". (2006: 14)

5. Mesmo quando algum caso de baixo desempenho de funcionários chega a ser registrado, é sempre possível que não advenham disso as previsíveis consequências negativas. "Nossos dados indicam solidamente que nesse aspecto o comportamento é crucial: resultados insuficientes podem ser tolerados, desde que o empregado se mantenha dentro das expectativas em relação ao comportamento". (2006: 14)

6. Em contraste, déficits percebidos na dimensão comportamental normalmente conduzirão a punições, amenizadas por tentativas de fazer com que os empregados compreendam o "bom senso" daquilo que está acontecendo com eles – um processo igualmente usado por forjadores de confiança, que o etnógrafo norte-americano Erving Goffman (1959) descreveu como sendo "esfriar a origem da desordem".

As descobertas de Nadai e Maeder repercutem aquilo que Jill Jones e eu constatamos em um estudo do Departamento de Pessoal da Greater London Council trinta anos antes (Silverman e Jones, 1976). A (inevitável) brecha entre teoria e prática, revelada por ambos os estudos, tem claras implicações para os modernamente chamados Departamentos de Recursos Humanos (uma mudança de nomenclatura que pode servir como medida preemptiva para "esfriar a origem da desordem").

O teórico social francês Michel Foucault gostava de se referir a sistemas tão diversos quanto avaliação de desempenho e governança de prisões como "tecnologias". Contudo, irei empregar a seguir uma utilização mais convencional que identifica "tecnologia" com sistemas mecânicos (*hardware*) e suas estruturas operacionais (*software*). Examinemos um exemplo da maneira pela qual os etnógrafos têm analisado as novas tecnologias.

Christian Heath e Paul Luff observaram e concluíram que:

"Um dos mais notáveis avanços em matéria de computador pessoal nos últimos anos consiste no generalizado desenvolvimento e uso de interfaces gráficas do usuário. Em vez de digitar comandos e instruções, os usuários dispõem de uma ampla gama de instrumentos, como janelas, ícones, menus e cursores, com os quais operam o sistema." (2000: 155)

Heath e Luff destacam que não dispomos de um entendimento transparente do motivo pelo qual as interfaces gráficas parecem ter utilização mais fácil por profissionais como, digamos, os arquitetos. Para encontrar uma resposta a essa questão, precisamos ir além dos convencionais estudos de laboratório que focam na atividade e psicologia dos indivíduos isoladamente.

Em contraste, Heath e Luft preferem estudar aquilo que as pessoas fazem em seus ambientes rotineiros de trabalho. Destacam: "Em vez de examinar a conduta dos usuários mediante experimentos, exploramos o uso de uma interface gráfica de usuário ou sistemas de 'manipulação direta' na realização do trabalho convencional". (2000: 157)

O estudo de Heath e Luff preocupou-se com as formas pelas quais os arquitetos utilizam computadores (especialmente os pacotes de *softwares* Apple *Computer-Aid Design* – CAD), em alguns casos em conjunto com outras ferramentas e artefatos, para realizar mudanças em determinados planos e ao coordenar suas contribuições com colegas. Essa pesquisa focou no uso de um sistema CAD em um escritório provincial de arquitetura na Inglaterra. Os adeptos dessa prática usam sistemas CAD para produzir plantas funcionais para os contratantes, buscando com isso mostrar aos clientes como serão os edifícios projetados e como se adaptarão ao ambiente e à paisagem.

A abordagem de Heath e Luff revela muito mais do que se poderia encontrador em um laboratório. Em especial, eles demonstram de que forma, se pretendermos entender a interação humanos-computadores, precisaremos ir além de um foco único nos indivíduos. Segundo seu raciocínio:

> Nossas observações apontam para a organização contingente do uso de sistemas, mesmo quando os indivíduos trabalham isoladamente, e no como a tecnologia proporciona um recurso no desenho e no desenvolvimento das construções. Elas também revelam, uma vez mais, como o uso de sistemas está engajado nas competências triviais e naturais dos "usuários"; competências essas que de várias maneiras emergem em, e são preservadas por meio de, interação dos participantes. (2000: 156)

A importância de observar como as pessoas interagem com seus companheiros de trabalho é destacada no estudo de Heath e Luff (2000) de vídeos de equipes trabalhando em uma Sala de Controle que supervisiona a Linha Bakerloo do Metrô de Londres. Nessa Sala de Controle encontram-se entre quatro a seis pessoas que supervisionam o movimento do tráfego e lidam com os problemas e dificuldades sempre que surgem. Heath e Luff argumentam que a flexibilidade e o caráter emergente das atividades da equipe são muito mais complexos e interacionalmente coordenados do que qualquer documento ou manual de treinamento poderia prescrever.

Um dos principais fatores para isso é a atenção mútua que os integrantes da equipe prestam uns aos outros. Como destacam Heath e Luff:

> As pessoas da Sala de Controle organizam suas condutas de maneira que possam, mesmo quando envolvidas em uma atividade específica, simultaneamente monitorar ou participar nas atividades dos colegas. Esse elemento de dupla face da realização dessas tarefas especializadas no interior da Sala de Controle da Linha é um requisito essencial de seu "trabalho colaborativo", exigindo que os participantes definam suas atividades de maneira tal que, mesmo durante a realização de tarefas específicas, permaneçam atentos às ações "independentes" de seus colegas de trabalho. (2000: 133)

A Sala de Controle de Linha é a central de trabalho de um Controlador de Linha (CL), que coordena o funcionamento diuturno da ferrovia, de um Assessor de Informação de Divisão (AID), cujas responsabilidades incluem o fornecimento de informações aos passageiros por um sistema de PA e a comunicação com os gerentes de estações, e de dois assessores de sinalização que supervisionam a operação do sistema de sinalizadores no setor mais agitado da linha.

Heath e Luff mostram que a necessidade da equipe de monitorar o que cada um de seus componentes está fazendo tem influência na maneira de utilizar objetos como monitores e telefones:

> Realizar uma atividade e participar simultaneamente nas atividades de outros tem implicações para as maneiras pelas quais o pessoal utiliza as várias ferramentas e tecnologias presentes na Sala de Controle de Linha. Assim, por exemplo, o AID pode transferir seu monitor CCTV para uma determinada plataforma a fim de capacitá-lo a ler o número da fachada de um trem para o Controlador, ainda que o AID esteja engajado em fazer um pronunciamento para o público e possa apenas perceber que problemas estão emergindo com relação a identidade de um trem. Ou, por exemplo, não é anormal encontrar o Controlador ou o AID passando o receptor do telefone de um para o outro, a fim de dar ao colega a possibilidade de ouvir o contato em andamento com alguém do pessoal do Metrô fora da Sala de Controle de Linha. Quase todas as tarefas no âmbito da SCL são produzidas pelo AID ou pelo Controlador, à medida que simultaneamente participam das atividades concomitantes de seus colegas. As várias ferramentas e tecnologias utilizadas para dar suporte a essas tarefas vão sendo reformatadas, corrompidas e até mesmo abandonadas, para capacitar o pessoal da Sala de Controle a participar simultaneamente de múltiplas atividades que envolvem, em maior ou menor grau, a todos e cada um deles. (2000: 133-134)

Um incidente relacionado com o horário de um trem mostra como o pessoal da Sala de Controle de Linha mantém um sentido daquilo que cada um deles está fazendo. Heath e Luff destacam que: "o horário não é apenas um recurso para identificar dificuldades no âmbito da operação do serviço, mas também para seu gerenciamento" (2000: 133). Contingências como brechas entre os horários dos trens, absenteísmo, quebra de carros ou a descoberta de pacotes suspeitos muitas vezes tornam necessárias "reformas" nos cronogramas, que variam de pequenos ajustes até "reformas" da tabela inteira, um processo através do qual o Controlador reprograma trens e tripulações a fim de manter um serviço coerente e eficiente. Contudo, Heath e Luff observam que reformar o serviço é uma tarefa extremamente complexa, muitas vezes realizada durante emergências, e não é incomum que o Controlador tenha pouco tempo para manter informados de tudo seus colegas mais relevantes.

Heath e Luff demonstram uma solução prática para essa dificuldade potencial. Os Controladores normalmente:

> Tornam particularidades de seu raciocínio e ações individuais "publicamente" visíveis conversando ao longo da reforma enquanto ela está sendo realizada. A solução é análoga às formas pelas quais os jornalistas organizam as notícias na agência Reuters. Os Controladores falam "em voz alta", embora essa fala não seja especificamente dirigida a qualquer colega em particular na Sala de Controle. Em vez disso, pela prática de continuar mirando, e traçar mudanças na tabela de horário, durante a conversa que é dirigida a si mesmo, o Controlador evita que qualquer pessoa se sinta na obrigação de responder. Falar durante a jornada de serviço, ao mesmo tempo em que torna atividades "privadas" publicamente visíveis, evita estabelecer o compromisso mútuo com colegas que poderia prejudicar a concretização, em andamento, da tarefa em questão. (200: 135)

O fragmento seguinte (Extrato 4.1), em que o Controlador encerra uma reforma e então dá início a outra, mostra a maneira pela qual essa "voz alta" se desenvolve *in situ*:

Extrato 4.1 (Heath e Luff: Fragmento 4.4, Transcrição 1)

((Controlador (C) lê sua tabela de horários...))
C: São 10 17 para (_) °hhh hhhh
   (4,3)
C: (Rr:) certo (.) este está pronto:,
C: hhh °hhh (.) hhh
C: Dois: 0:<u>Seis</u>:: Quaren:ta s<u>eis</u>::
   (0,7)
C: Dois Dois <u>Cin</u>:co
((... o AID começa a bater em sua cadeira e ele e seu estagiário começam uma conversa separada. À medida que eles seguem falando, C para de falar em voz alta...))

A seguir, o que Heath e Luff dizem sobre esse extrato:

> Enquanto controla sua tabela de horários, o Controlador anuncia a conclusão de uma reforma e começa outra. O Controlador fala de números, números de trens, e relaciona as várias mudanças que ele poderia fazer para que o trem das 2h06 supere os problemas que ele enfrenta, principalmente reformar o trem para as 2h46 ou para as 2h25. Quando o Controlador menciona a segunda possibilidade, o AID começa a bater no lado de sua cadeira, e, um momento depois, discute os problemas atuais e as possíveis soluções com um AID trainee sentado a seu lado. Logo que o AID começa a bater na cadeira, mostrando com isso que talvez não esteja mais prestando atenção às ações de seus colegas, o Controlador, ao mesmo tempo em que continua a esboçar as possíveis mudanças na tabela de horário, para de falar em voz alta. Apesar, portanto, de seu aparente envolvimento exclusivo com mudanças específicas no serviço, o Controlador mostra-se sensível à conduta de seu colega, projetando a atividade de maneira que, pelo menos inicialmente, esteja disponível para o AID, e só então transformando a maneira pela qual a tarefa vai sendo realizada para que deixe de ser acessível "publicamente". (2000: 137)

Esse e outros extratos de dados (muitos dos quais envolvendo videoclipes) revelam de que maneira a equipe da Sala de Controle de Linha participa simultaneamente de ou faz parte das atividades concorrentes de seus colegas. Isso significa que os sistemas com os quais operam: "são moldados, corrompidos e até mesmo abandonados, a fim de capacitar o pessoal da Sala de Controle a participar simultaneamente em múltiplas atividades que envolvem, em maior ou menor grau, a todos e cada um deles" (2000: 134)

Esse tipo de etnografia detalhista, influenciada pela atenção do Controlador à organização sequencial da interação, tem, é claro, imensas implicações práticas. Heath e Luff destacam que as séries de estágios de três semanas realizadas pelos controladores *trainees* apresentam um alto índice de insucesso. As variadas contingências presentes na operação do sistema do Metrô produzem uma série de complicadas tarefas que só obtêm sucesso quando sistematicamente coordenadas em tempo real com as ações e atividades dos colegas. Embora eles não façam tal afirmação, não tenho dúvida de que a observação dos vídeos de Heath e Luff poderia representar um significativo recurso para o treinamento das equipes.

Um estudo tão detalhado como este da condução de complicadas tarefas depende de uma infatigável ênfase no modo pelo qual os funcionários usam tecnologias em coordenação com seus colegas. Essa ênfase tem o potencial de levar a *inputs* práticos muito mais amplos do que o foco usual com o estudo da interação computadores-humanos (HCI, *human-computer interaction*) sobre a maneira pela qual cada funcionário usa a máquina. De acordo com a conclusão de Heath e Luff:

> As formas pelas quais o uso por um indivíduo de uma determinada ferramenta ou tecnologia pode ser monitorado por um colega e sua função na produção de atividades públicas levam, uma vez mais, a questionarmos a sabedoria convencional da HCI que posiciona o usuário solitário e suas capacidades cognitivas no centro do domínio analítico. Prestar atenção à atenção que está sendo dada à conduta de cada um, e sentir que as ações dos outros são sensíveis às ações e atividades do observador, informa a realização de tarefas mediadas por ferramentas nas quais o indivíduo está envolvido... Não se trata simplesmente do fato de que o trabalho no âmbito da Sala de Controle de Linha é "colaborativo", mas, pelo contrário, de que as pessoas, mesmo quando da realização de tarefas aparentemente individuais, são sensíveis às atividades dos colegas e delas participantes, sendo essa participação uma parte intrínseca da organização da tarefa. O uso de várias ferramentas e tecnologias na Sala de Controle de Linha caracteriza a concretização dessas variadas atividades e sua coordenação, e proporciona recursos através dos quais ações potencialmente "privadas" tornam-se visíveis no cenário local. (2000: 162-163)

Os estudos conduzidos por Heath e Luff, Nadai e Maeder, e Koppel e colaboradores revelam as sutilezas da maneira pela qual os empregados reagem a determinadas tecnologias (p. ex., a Sala de Controle de Linha, o CAD e os pacotes de pedidos de entradas de remédios pelos médicos) e regras organizacionais (p. ex., critérios de avaliação de empregos). Tecnologias e regras igualmente têm impacto nas relações profissionaisclientes. Contudo, enquanto os clientes das organizações (p. ex., passageiros no Metrô de Londres e pacientes que recebem os medicamentos prescritos pelos médicos) se encontram no extremo da recepção das decisões dos empregados, nos estudos aos quais irei agora me dedicar os clientes são fisicamente presentes e parceiros potenciais na tomada de decisões.

Interações profissional-cliente

Vimos anteriormente, na pesquisa de Koppel e colaboradores, como as organizações podem resistir às constatações etnográficas que pareçam potencialmente desestabilizadoras de interesses velados. Sabemos igualmente que líderes organizacionais podem ignorar pesquisas sobre as companhias ou, como aconteceu em minha pesquisa sobre o setor de pessoal de uma organização pública (Silverman e Jones, 1976), utilizar a pesquisa como um instrumento legitimador a fim de dar suporte a políticas previamente definidas.

Em contraste, os profissionais independentes parecem muito mais abertos à pesquisa. Especulativamente, eu poderia sugerir que isso se relaciona com suas autopercepções como "profissionais" movidos por uma ética de trabalho e com o fato de que, como muitos deles trabalham independentemente, possam não ter observado outros realizando as mesmas tarefas desde que para elas foram habilitados.

Todos os tipos de pesquisa de ciência social parecem atraentes, ainda que de formas diversas, para os profissionais. Abordagens quantitativas de, digamos, comunicação médico-paciente (como as escalas de qualificação de Roter) encontram públicos dispostos a adotá-las. Pesquisas qualitativas baseadas em entrevistas com clientes também têm forte apelo, revelando aos profissionais fatores que não estavam disponíveis na consulta. Por exemplo, Gubrium e colaboradores relatam uma impressão favorável dos profissionais a relatórios sobre como seus pacientes reagiram a infartos (Gubrium et al., 2003). Como o próprio Gubrium comenta:

> [Nosso estudo] teve resultados práticos, de diversas espécies. Em primeiro lugar, quando demos retorno aos vários provedores de assistência à saúde (especialmente conselheiros e enfermeiras de reabilitação) trabalhando com pacientes em recuperação de infar-

tos, ouvimos deles que essas constatações os ajudaram a entender as várias formas pelas quais os pacientes reagem ao infarto sofrido e ao tratamento posterior. Alguns disseram que isso lançou uma nova luz sobre a "aceitação ao tratamento indicado". Recordo de um deles que disse algo como "agora entendo o que os pacientes têm pela frente quando se atrevem a divisar seu futuro". (Gubrium, comunicação pessoal, 2006)

Apesar dos *insights* proporcionados por tais estudos de entrevistas em cenários relacionados à assistência à saúde, não existe qualquer dúvida sobre o imenso apelo do trabalho etnográfico baseado em observações da prática. Relembro vividamente as manifestações de reconhecimento de profissionais nas oportunidades em que lhes proporcionei a audição de gravações de consultas em seus respectivos campos de atuação. Na verdade, durante o *feedback* aos profissionais a respeito de minha pesquisa sobre consulta pediátrica (Silverman, 1987) ou aconselhamento sobre teste de HIV (Silverman, 1997), seu interesse pelas consultas gravadas foi o material necessário para fazer deslanchar fascinantes debates entre eles mesmos, que muitas vezes adquiriam tamanha intensidade que eu mal conseguia divulgar minhas conclusões.

A natureza vívida, reveladora, desse material é refletida em um comentário de Michael Bloor, para quem:

Em relação a outros profissionais do ramo... o pesquisador qualitativo tem a vantagem de que os métodos de pesquisa proporcionam ricas descrições da prática do dia a dia que habilitam os públicos do profissional a justapor imaginativamente suas próprias práticas diárias com as descrições das pesquisas. Existe, portanto, uma oportunidade para que os profissionais consigam fazer avaliações e julgamentos de suas próprias práticas e experimentem novas abordagens descritas nas constatações das pesquisas. Estudos qualitativos da prática diária oferecem descrições suficientemente detalhadas da prática para funcionar como um estímulo à avaliação e à experimentação. Se Schon (1983) estiver certo em sua linha de raciocínio quando diz que o trabalho profissional envolve a implementação de conhecimento prático, em vez de conhecimento científico, então a pesquisa qualitativa permite a seus profissionais refletir a respeito de tal conhecimento prático, anteriormente tido como automático. (2004: 321)

Em consonância com os comentários de Bloor, a socióloga britânica Celia Kitzinger tem feito uso de sessões de *workshop* com profissionais para implementar sua pesquisa de conversa analítica (CA) sobre telefonemas a um serviço de assistência a crises no pós-parto (ver Shaw e Kitzinger, 2005). No exemplo a seguir, o que ela me escreveu em uma comunicação pessoal sobre essas sessões.

CA para parteiras

Tenho gravações de aproximadamente 500 conversas decorrentes de cerca de 300 ligações a cinco diferentes *call-centers* de uma linha de emergência para mulheres em crises pós-parto. Tenho permissão para usar esse material com fins de pesquisa e treinamento.

Fiz uso de conversa analítica (CA) para chegar a algumas "coleções" de fenômenos comuns nesses dados. Eles incluem uma coleção de acolhidas empáticas (a:::h, num tom de voz simpático, por exemplo), uma coleção de seguimentos (mmm hm), uma coleção de silêncios em diferentes posições sequenciais (p. ex., depois de uma pergunta e antes de uma resposta; no meio de uma mudança de assunto), uma coleção de conversas superpostas (algumas interruptoras, outras nem tanto), e coleções de aberturas e encerramentos, relatos de histórias, reformulação de relatos anteriores, correções, etc.

[Quando você me escreveu] estava prestes a dar início a um *workshop* para parteiras, babás, conselheiros de amamentação e instrutores de pré-natal sobre como interagir com sensibilidade em relação às mulheres com quem interagem em seu trabalho e que tenham de alguma forma ficado traumatizadas pela experiência do parto. Tenho também lecionado em *workshops*, como este aqui, de dois ou três dias inteiros de duração ao longo dos últimos três anos, com base em minha pesquisa em andamento.

A seguir, a maneira como isso funciona. Entre 20 e 30 profissionais da saúde no campo da obstetrícia participam do *workshop*. Ele começa com uma apresentação de meu cofacilitador em relação ao distúrbio do estresse traumático pós-natal (PN-PTSD, das iniciais em inglês) como uma categoria de diagnóstico (sintomas, etiologia, tratamento, etc.), e avança para os fenômenos mais gerais da crise/trauma/angústia pós-parto, para determinar como são diferentes da depressão pós-natal. Os participantes compartilham suas experiências em matéria de lidar com mulheres com esses sofrimentos e as dificuldades enfrentadas nessa atividade (p. ex., "ela teve um parto perfeitamente normal, não tinha motivo para PTSD"; "ela simplesmente fica furiosa comigo o tempo inteiro e explode por qualquer coisinha"; "ela se recusou inclusive a tentar amamentar, dizendo que o bebê já lhe havia causado muito dano físico").

Os participantes do *workshop* não são conselheiros treinados e muitas vezes consideram quase impossível entender a angústia e o sofrimento (justamente naquele que deveria ser um momento de grande felicidade em suas vidas pelo simples fato de terem dado à luz, quase todas, bebês perfeitamente saudáveis) das mulheres, e por isso mesmo encontram dificuldades em entender ou lidar com esses sentimentos. Depois de alguma discussão, os participantes se dividem em pequenos grupos para encenações nas quais alguém faz o papel de uma mulher com PN-PTSD, mais alguém interpreta um "ouvinte", e os/as outros observam e tomam notas a respeito desse processo. Tudo isso resulta em *feedback* a respeito dessa experiência para o grupo principal.

Em geral começam a ser relatadas as próximas preocupações: como começar e encerrar a intersecção; quanto "conselho" se pode dar ou se "ouvir" significa manter-se em silêncio; até que ponto é correto revelar a experiência pessoal ou se, pelo contrário, é preciso manter uma distância profissional; se fazer perguntas é um ato invasivo ou, pelo contrário, demonstra um interesse adequado; como demonstrar empatia e preocupação sem se identificar em exagero com a mulher estressada "ao ponto de entrarmos ambas em um rio de lágrimas"; como administrar o sentimento de defensiva profissional quando uma mulher fica indignada com sua parteira/babá enquanto esta pode assegurar que fez o melhor possível em circunstâncias difíceis... e assim por diante. Aí interrompemos para o almoço.

Depois do almoço faço uma breve apresentação resumindo as questões levantadas pelos participantes a partir da encenação de papéis (adaptando-os às particularidades de cada grupo) e digo que vamos passar a trabalhar com algumas daquelas questões usando não a encenação de papéis, mas gravações de interações reais entre mulheres angustiadas e pessoas que tentam ouvir e ajudar. (Também faço uma advertência de que isso pode ser realmente angustiante – são apelos realmente fortes.)

Normalmente começo com "aberturas". Pedindo a cada participante que escolha um parceiro, digo que irei dar início à audição de uma interação e que desligarei a fita depois de alguns segundos, para que então alguém assuma o papel da mulher angustiada e fale o que, em sua opinião, seria dito a seguir pela pessoa que recebeu a ligação. Solicito *feedback* a respeito do que foi dito, discutimos o alcance das opções e seus prós e contras, e comparamos tudo com aquilo que a pessoa que recebeu o telefonema realmente disse – para o melhor ou para o pior – e as consequências interacionais.

Normalmente avanço para "continuadores", "receptores" e "significados das reações". Executo um trecho da interação e interrompo cada vez que a pessoa que atende o chamado faz qualquer ruído: isso inclui "mm hm", ".hhh!, "a:::h", "mm", "simmm", etc. Discutimos cada uma dessas reações. Peço aos participantes que considerem "o que está havendo aqui?". Qual seria a diferença da interação trocando um som por este outro? (Também gravei e editei respostas "forjadas" para que todos possam ouvir por que "mm hm" é às vezes errado em determinadas posições.) Os participantes mostram-se sempre interessados e entusiasmados com essa parte – todos entendem que é muito diferente ouvir essas gravações e as da encenação – esta é a "realidade".

Seleciono de outras coleções, dependendo das necessidades do grupo. Tenho uma coleção de mulheres chorando (que é algo que muitas pessoas consideram difícil de trabalhar, especialmente quando as lágrimas tornam impossível ouvir claramente as palavras); uma coleção de conversas "delicadas" a respeito da genitália e da sexualidade depois do parto (as mulheres não têm terminologia para descrever as partes de sua genitália que são doloridas, têm cicatrizes, etc.: "xoxota" ou "lá embaixo!" não são suficientemente específicas!); uma coleção em que a receptora do chamado revela informação pessoal (isso raramente dá bom resultado), e muita coisa mais.

O encerramento é sempre com uma longa sequência (seis minutos) de um dos telefonemas com o resultado mais eficiente da coleção. A ouvinte leva quem faz a consulta a um "momento de revelação", e a pessoa que ligou subsequentemente enviou um *e-mail* agradecendo pela atenção e descrevendo como se tornara capaz de levar seu bebê ao médico para uma injeção sem ter um *flashback* da mesa de cirurgia e "tremer as pernas". É um telefonema realmente comovente e poderoso. Eu o interrompo em quatro ou cinco pontos para pedir *feedback* ou fazer com que os participantes manifestem o que fariam se fossem, a essa altura, o receptor daquele chamado e para discutir o que está acontecendo. Usamos também o intervalo para trabalhar o "silêncio" (do tipo bom), pois existem ali alguns silêncios emocionantes (alguns deles de mais de um segundo, outro de quatro segundos, e um de seis segundos – antes do "momento da revelação"; comparar com a constatação de Jefferson de que um segundo é o silêncio máximo permissível em conversações normais). Culminamos com uma discussão do trabalho do dia e daquilo que foi possível aprender; e é isso.

Depois de passar a realizar esses *workshops*, fui convidada a fazer parte da seleção dos integrantes da linha de socorro da Birth Crisis. As pretendentes precisam gravar os primeiros 10 telefonemas e encaminhá-los a mim. Ouço as gravações, identifico o que considero pontos fortes e fracos, e faço uma análise do material com a respectiva atendente. Tenho ouvido comentários de que se trata de um *feedback* de inestimável valor.

Desde que passei a comandar os *workshops* da Birth Crisis, participantes que trabalham para outras entidades da mesma linha de atividade perguntam se eu estaria disposta a gravar e analisar seus telefonemas e proporcionar-lhes *feedback* a respeito. Coletei material e comecei a trabalhar com estudantes sobre telefonemas para duas outras linhas: a Home Birth (Shaw e Kitzinger, 2005) e a Pelvic Partnership (para mulheres com disfunções de sínfise púbica). A ideia, tanto com a Home Birth quanto com a Pelvic Partnership, é desenvolver pesquisa e treinamento em conjunção, e proporcionar minha análise aos grupos de usuários, bem como desenvolver publicações acadêmicas. (Celia Kitzinger, comunicação pessoal, 2006)

Kitzinger proporciona um exemplo entusiasmante de como a atenção detalhada da CA aos pontos mais sutis da maneira pela qual as pessoas interagem pode ter resultados práticos consideráveis para os profissionais. Uma introdução a uma recente edição especial da publicação *Communication and Medicine*, pelos pesquisadores finlandeses Anssi Peräkylä, Johanna Ruusuvuori e Sanna Vehviläinen (2005), aponta várias dessas contribuições:

> Em ambientes em que a interação institucional envolve uma teoria distinta de interação, a pesquisa da conversação analítica assume posição a partir da qual consegue demonstrar se é possível, e até que ponto, as teorias profissionais se equipararem à realidade empírica da interação profissional-cliente. (Peräkylä *et al.*, 2005: 106)

Peräkylä e colaboradores fazem questão de destacar que a CA tem também muita coisa a dizer a respeito do comportamento/atitude de pacientes ou clientes. Como destacam:

> A pesquisa de interação empírica pode igualmente explicar e dar voz às orientações dos *clientes*. Mesmo quando teorias pro-

fissionais priorizam questões como "concentração no paciente", elas focam predominantemente nas formas pelas quais os profissionais interagem com os pacientes, sem abordar as orientações interacionais dos clientes. A abordagem de CA, contudo, nos proporciona acesso às agendas dos clientes. (2005: 107)

Como reconhecem Peräkylä e colaboradores, introduzir em pesquisa fatores contextuais, como "normas culturais", é andar sobre ovos. De acordo com Schegloff (1991), a questão de determinar contextos não é jamais algo definitivo, porque as partes de uma interação continuamente trabalham em conjunto na coprodução (e às vezes na mudança) de alguns contextos. Assim, não podemos explicar o comportamento das pessoas como uma "resposta" a algum contexto quando esse contexto é ativamente construido (e reconstruido). Isso significaria recuar para a falácia daquilo que batizei de Ortodoxia Explanatória.

Assim, em vez de usar o termo "contexto" aleatoriamente, devemos é estudar de que maneira os participantes elaboram contextos em tempo real. Semelhante pesquisa irá revelar que, por exemplo, a interação com médicos raramente se limita simplesmente às suposições do bom senso dos pacientes a respeito da maneira pela qual os doutores comunicam, ou às teorias de cada profissional (p. ex., como elaborar o histórico do paciente). Como Peräkylä e colaboradores destacam: "A pesquisa de interação empírica tem potencial para analisar características contextuais que orientam os participantes mesmo quando a teoria profissional não faz menção a elas" (2005: 106).

Uma brilhante ilustração desse sentido mais amplo do contexto pode ser encontrada em um recente livro de Douglas Maynard (2003). Esse autor usa métodos de conversação analítica para examinar a organização da comunicação de "boas" e "más" notícias em consultas médicas. Esse fascinante volume descreve como a comunicação de boas e más notícias interrompe nosso envolvimento no mundo das certezas. Mostra que as más notícias são em geral previstas em formas que não podem ser separadas da maneira pela qual são dadas, e de como tais previsões efetivamente buscam o reconhecimento do ouvinte quanto ao significado que terão. Esse processo é contextualizado no âmbito da pesquisa original do autor sobre "sequências de exposições/perspectivas", em que a perspectiva do ouvinte é evocada com a finalidade de garantir o equilíbrio com as más notícias que estão surgindo. Em contraste, as boas notícias quase sempre fluem com maior rapidez.

Fazendo uso de dados de cenários pediátricos, Maynard demonstra com clareza a adaptação de práticas comuns de conversação nas conversas institucionais. Uma dessas práticas é a de extrair uma opinião de alguém antes de apresentar a opinião do falante – Maynard dá o exemplo a seguir:

Extrato 4.2 (Maynard, 1991: 459)
1   Bob: Você ouviu alguma vez falar de rodas de arame?
2   Al: Sei que elas sempre dão problema. Elas você sabe elas saem do
3   alinhamento e –
4   Bob: Verdade – se você fura um pneu precisa levá-lo a um lugar
5   especial para ter o pneu consertado.
6   Al: É... mas por quê?

Repare como a explicação de Bob (linhas 4 e 5) é precedida por uma sequência. Nas linhas 1-3, Bob pergunta a Al sobre o mesmo tópico e recebe uma resposta. Por que não se lançar diretamente nesse relato?

Maynard sugere várias funções desta "pré-sequência":
1 Ela permite que Bob monitore as opiniões e o conhecimento de Al sobre o tópico antes de apresentar suas visões a respeito.
2 Bob pode até mesmo modificar sua declaração para levar em conta as opiniões de Al ou mesmo retardar uma definição ao lhe fazer perguntas complementares (usando a regra do "encadeamento").
3 Como Bob se alinha com a "queixa" enunciada por Al (a respeito das rodas de arame), sua manifestação é feita em um "ambiente hospitaleiro" que inclui Al.
4 Isso significa que passa a ser difícil (embora não impossível) para Al contestar posteriormente a declaração de Bob.

Maynard chama semelhantes sequências de *séries de exposições/perspectivas* (ou PDS, da sigla em inglês). A PDS é "um instrumento pelo qual uma das partes pode produzir ou relato ou opinião depois de solicitar a perspectiva do receptor" (1991: 464). Normalmente, uma PDS tem três partes:

- uma pergunta de A
- uma resposta de B
- uma declaração de A

No entanto, "a PDS pode ser expandida através do uso do teste, um inquérito secundário que preconfigura o relatório posterior de quem pergunta e origina uma apresentação mais precisa da posição do receptor" (1991: 464).

Em uma clínica pediátrica para crianças internadas por dificuldades no desenvolvimento, é comum a utilização de PDS pelos médicos. O Extrato 4.3 é um exemplo disso:

Extrato 4.3 (Maynard, 1991: 468)

1	Dr. E.	O que você vê? como – uma dificuldade dele.
2	Sra. C:	A principal é bem – o fato de que ele não entende
3		tudo e também o fato de ser muito difícil
4		de entender o que ele diz, a maior parte do tempo
5	Dr. E:	Certo
6	Dr. E:	Você tem ideia POR QUE isso acontece? é?
7		você está – você faz?
8	Sra. C:	Não.
9	Dr. E:	Bem, entendo que você pense que nós
10		BASICAMENTE de alguma forma concordamos,
11		apesar de entendermos que o MAIOR problema
12		de D, você sabe, ENVOLVE você sabe
13		LINGuagem
14	Sra. C:	Bem hmm

A estrutura básica de três partes da PDS funciona aqui da seguinte maneira:

1 Pergunta (linha 1)
2 Resposta (linhas 2-4)
3 Proclamação (linhas 8-11)

Deve-se notar, no entanto, a forma pela qual o Dr. E expande a PDS na linha 6 fazendo uma pergunta suplementar.

Como Maynard destaca, dos médicos esperam-se diagnósticos. Muitas vezes, porém, quando o diagnóstico for ruim, é normal que haja alguma resistência por parte dos pacientes. Isso pode ser especialmente verdadeiro na área da pediatria, em que as mães gozam de conhecimento e capacidade especiais na avaliação das condições dos próprios filhos. A função da PDS nesse contexto institucional é no sentido de buscar alinhar a mãe ao diagnóstico em elaboração. Notar como a proclamação do Dr. E, nas linhas 8-11, começa manifestando seu acordo com a perspectiva da Sra. C, mas em seguida reformulando-o de "fala" para "linguagem". A Sra. C passa a ser então envolvida naquilo que irá se transformar no comunicado de más notícias. É claro, como Maynard destaca, que nem tudo sai sempre com tanta facilidade para o médico. Às vezes, as partes apresentam perspectivas que estão em desalinho com o anúncio esperado, por exemplo, ao dizer que estão bastante contentes com o progresso de seus filhos. Em tais circunstâncias, Maynard mostra como o médico tipicamente busca uma afirmação da genitora que reconheça a existência de *algum* problema (p.ex., um problema percebido pela professora da criança) para, então, apresentar seu diagnóstico de acordo com tais dados.

Maynard conclui que a PDS tem uma função especial em circunstâncias que exigem *cautela*. Em conversações comuns, isso pode explicar sua maior ocorrência em conversas entre estrangeiros ou conhecidos, nas quais a pessoa prestes a emitir uma opinião possivelmente não tenha conhecimento das opiniões do interlocutor. No cenário pediátrico em discussão, as funções da PDS são óbvias:

> Ao agregar como exemplo uma exposição dos conhecimentos ou convicções de seus recipientes, os médicos têm potencial para comunicar as notícias em um ambiente conversacional hospitaleiro, confirmar o entendimento dos pais, coimplicar sua perspectiva na revelação das notícias, e por isso mesmo apresentar avaliações de uma forma publicamente afirmativa e não hostil. (Maynard, 1991: 484)

Dessa forma, vemos como e por que as más notícias são veladas e as boas são expostas no contexto de variações históricas e culturais, como no caso de exceção do aconselhamento sobre HIV. Esse quadro geral é delicadamente obscurecido pelo autor em relação às revelações de notícias de primeira, segunda e terceira partes e sobre a maneira pela qual o mensageiro é tratado. Por exemplo, ao revelar boas notícias a seu próprio respeito, o narrador normalmente trabalha para evitar a desconfiança de estar empenhado em autoelogio. Igualmente, ao revelar más notícias, é possível que surjam "negociações de culpas".

Maynard procura situar a revelação de notícias como ponto central da vida diária e da interação social de maneira geral. Em minha opinião, ele consegue fazer isso com brilhantismo. Na tradição do sociólogo alemão do século 19 Georg Simmel, conseguimos ver como uma forma social aparentemente trivial nos permite saber muita coisa a respeito do tecido social mais amplo. Ao contrário de Simmel, no entanto, este trabalho é sustentado por um bloco maciço de pesquisas sociais.

Os etnógrafos e os psicólogos sociais sentir-se-ão fascinados pela tentativa do autor de ligar a CA a estudos mais convencionais sobre "fundamentação". Historiadores e antropólogos poderão sentir-se incentivados a pensar mais amplamente a respeito de variações histórico-culturais na revelação de notícias à luz das possíveis universalidades culturais aqui implícitas. Teóricos sociais não serão desapontados por um volume que sutilmente enlaça pesquisa empírica com proclamações fundacionais de Husserl, Schutz e Garfinkel.

A tentativa de alcançar um arco tão amplo de posições acadêmicas é digna de louvores. Contudo, realmente digno de nota em um volume tão acadêmico é o alcance do aprofundamento que Maynard consegue ao lidar com dois públicos tão diferenciados. Se é que ainda resta qualquer traço daquele mito chamado de "leitor generalista", semelhante criatura certamente ficará fascinada com a maior parte desse volume. De maneira praticamente isolada no trabalho acadêmico, Maynard começa com um capítulo construído com fundamento em exemplos dignos de nota de todas as nossas experiências diárias, capturadas em sua frase a respeito da "memória fotográfica". Todos os outros capítulos começam com uma vívida citação da vida corriqueira. Nessas outras formas, esse volume é a antítese de um trabalho seco, acadêmico, e tem tudo para se constituir em leitura fascinante para não-especialistas.

Em termos das preocupações deste capítulo, o livro de Maynard é também de grande utilidade para públicos não-acadêmicos. Refiro-me a médicos generalistas, conselheiros, e, na verdade, às profissões "psi" em geral. Tais leitores são favorecidos em grande medida tanto por ter Maynard realizado amplas pesquisas em ambientes clínicos, quanto pelo fato de tender a orientar tais pesquisas em benefício das preocupações práticas dos profissionais da área. Uma seção sobre a costumeiramente estóica reação à chegada de más notícias será simplesmente leitura obrigatória para tais pessoas. Na verdade, creio que a discussão promovida por Maynard a respeito das assimetrias na narração de boas e más notícias em ambientes clínicos tende a se tornar leitura obrigatória nas faculdades de medicina. No exemplo a seguir, os comentários do próprio Maynard sobre a aplicabilidade da pesquisa discutida em seu livro.

> Há nisso tudo um epílogo para meu livro que é despudoradamente aplicado. O epílogo é chamado "Como dar as notícias". Mais, faço palestras para médicos sobre exatamente esse tópico com muita regularidade. (Nas faculdades de medicina dos EUA, essas palestras fazem parte dos *grand rounds*.) Os médicos ficam extremamente envolvidos quando veem e ouvem episódios da vida real, e normalmente têm histórias e experiências próprias para comentar. Suas observações são "provocadas" por minha palestra, e por sua vez "provocam" mais coisas do que consigo relatar com relação à pesquisa de CA que já realizei. Enfatizei que a pesquisa de CA se baseia em inquéritos sistemáticos que podem proporcionar uma espécie de verificação de autenticidade dos relatos anedóticos. (Maynard, comunicação pessoal, 2006)

O trabalho de Maynard comprova que as reuniões médicas podem, em parte, envolver o uso de mecanismos, como a PDS, que ocorrem em conversações comuns. Ao usar semelhante conversação como linha básica, a CA permite-nos identificar o que é diferenciado em relação aos discursos institucionais.

Além disso, uma contribuição distinta da CA é fazer perguntas sobre as *funções* de qualquer processo social recorrente. Assim, Maynard examina como suas sequências de PDS trabalham no contexto da transmissão de notícias ruins. Disso também se infere que seu trabalho concretiza bem mais do que críticas ideológicas fora do contexto da prática médica, que tendem a satanizar os médicos como meros tiranos ou porta-vozes dos interesses do capitalismo (ver Waitzkin, 1979)

Tomado em conjunto, o trabalho discutido nesta seção contém incontáveis lições a respeito da maneira pela qual os pesquisadores qualitativos podem contribuir para um debate a respeito das melhores práticas. Em especial:

- Os pesquisadores *não* devem começar a partir dos padrões normativos de comunicação "boa" e "ruim". Em vez disso, o objetivo deve ser entender as *habilidades* que os participantes desenvolvem e as *funções* dos padrões de comunicação que são assim descobertos.
- Ainda que as entrevistas qualitativas possam revelar aos profissionais aspectos desconhecidos das percepções dos clientes, não há substituto para a pesquisa focada nas particularidades da real interação profissional-cliente e nos vários contextos que ela torna relevantes.
- Tocar gravações de áudio e vídeo de interações envolvendo os profissionais e seus colegas proporciona novos *insights* a respeito de suas atividades.

O tipo de diálogo pressuposto nessas lições elimina a tendência a "saber tudo" daquilo que anteriormente batizei de Divina Ortodoxia. O foco sobre as perguntas do "como?" também contesta as suposições da Ortodoxia Explanatória, segundo a qual precisamos nos apressar a buscar e encontrar causas e correlações.

Seria, contudo, tolice supor que tudo é tão-somente uma questão de interação entre os profissionais e seus clientes. Por exemplo, em minha pesquisa sobre aconselhamento em teste de HIV, constatei que os métodos de comunicação dos conselheiros eram muitas vezes contidos pelo limitado tempo de que dispunham para entrevistar cada paciente.

Isso é importante porque não há sentido em sugerir reformas sobre como os profissionais se comunicam quando o contexto social os pressiona em uma determinada direção. Semelhante intervenção acaba sendo exclusivamente irrelevante e até mesmo elitista. Em vez disso, ao dar valor às habilidades dos profissionais, no contexto das demandas por eles enfrentadas, temos condições de abrir um debate proveitoso em matéria *tanto* de comunicação *quanto* das limitações sociais e econômicas que as cercam.

Para que um debate possa ter bons resultados, no entanto, é preciso sobretudo que encontremos públicos responsivos. Ainda que *workshops* baseados em gravações de consultas reais com clientes proporcionem valioso material de estudo, é irreal supor que possamos atingir um público substancial exclusivamente por meio de *workshops*. Na próxima seção, examinarei vários meios de análise de dados e relatos de pesquisas que certamente atrairão os públicos dos profissionais.

Escrevendo pesquisa qualitativa com números

Como indiquei no início deste capítulo, números funcionam tanto para profissionais quanto para planejadores de políticas. Serão os números sempre desprezados em pesquisa qualitativa – nada mais do que uma espécie de "chamariz" para um ambiente que exige que se atribua um valor numérico a cada observação? Colocando essa questão de outra maneira, existe algum tipo de quantificação capaz de verdadeiramente qualificar a etnografia e a CA?

Minha resposta positiva a essa pergunta lastreia-se na convicção de que a quantificação pode às vezes ajudar-nos a distinguir fatos de fantasias, aumentando a validade da pesquisa qualitativa. São duas as maneiras gerais em que técnicas simples de contagem são eficazes:

- como um meio inicial de obter um sentido da variância nos dados (Tipo 1)
- em um estágio mais avançado, depois de identificado tal fenômeno, verificar sua prevalência (Tipo 2)

Como um exemplo de tabulações do Tipo 1, usarei um estudo das ligações feitas a um serviço de proteção à infância. Como em meu estudo sobre aconselhamento em teste de HIV (Silverman, 1997), Hepburn e Potter constataram que profissionais trabalhando para a Sociedade Nacional para a Prevenção de Crueldade contra as Crianças (NSPCC, das iniciais em inglês), da Grã-Bretanha, ficaram fascinados com a escuta de gravações de trabalhos próprios (e de colegas). Como descreveram:

> Uma das limitações no treinamento para esse tipo de trabalho reside no fato de ser quase sempre baseado em idealizações de suposições da maneira pela qual funcionam as interações... Um fato que constatamos com esse projeto foi a relativa simplicidade do *input* inicial prático. Tivemos condições de proporcionar aos agentes de proteção da infância (CPOs, das iniciais em inglês) um conjunto de gravações, a partir de transcrições brutas de telefonemas, em um CD que podiam baixar em seus próprios equipamentos (parando e recomeçando, se aprofundando no material, e assim por diante.). Alguns dos CPOs constataram a grande utilidade de, a partir disso, refletir sobre seus próprios métodos de trabalho. Nossa expectativa era a de estar, perto do fim da pesquisa, proporcionando suportes mais sofisticados de treinamento, a fim de permitir aos CPOs aproveitarem os chamados digitalizados como conduto de observações analíticas e sugestões a respeito do tema (p. ex., sobre os problemas e as soluções possíveis). O objetivo desse tipo de intervenções práticas não era, aqui, determinar aos CPOs uma maneira de desempenhar sua função com maior eficiência, mas sim proporcionar-lhes um recurso adicional capaz de realmente ajudá-los em seus treinamentos e na prática. (2004. 194-195)

Hepburn e Potter não se limitaram, no entanto, a simplesmente gravar e tocar gravações, mas ofereceram aos profissionais *insights* para sua análise dos dados. Em parte, isso envolvia a identificação de vários fenômenos e, a partir daí, usar tabulações simples a fim de estabelecer o grau de variação de alguns deles.

Por exemplo, Hepburn e Potter constataram que os usuários dessa linha de ajuda tendiam a prefaciar seus relatos com uma referência às respectivas "preocupações". Assim, um telefonema típico começava desta forma: "Estou preocupado com X". A fim de verificar a prevalência desse fenômeno, os pesquisadores elaboraram uma variação de contagens simples como instrumento para entender a padronização da maneira pela qual construções usando os termos "preocupado" e "preocupação" eram usadas. Hepburn e Porter explicam essa abordagem:

> Interessante foi considerar quão específicas dos dados da NSPCC eram as elaborações de preocupações. Para verificar esse ponto, fizemos algo muito simples, que foi comparar a prevalência nos telefonemas à NSPCCC com um corpo de telefonemas rotineiros diários. Os termos "preocupação" e "preocupado" aparecem em média sete vezes por telefonema em nosso material, mas apenas 0,3 vez por chamado no corpo diário. Em um nível mais específico, estávamos interessados na prevalência das estruturações de preocupações no início dos telefonemas, e, também, com quantos deles eram iniciados pela pessoa que chamava e quantas vezes pelo CPO. Cerca de 60% das aberturas fazem uso de estruturações de preocupação, dois terços delas pela pessoa que ligou, e um terço pelo CPO. (2004: 189)

Tabulações como essa em um estágio inicial de um estudo qualitativo podem ter apenas força de sugestão. Não se trata de um ponto final, mas de pontos de sinalização para trabalhos futuros. De acordo com Hepburn e Potter:

> Essas contagens foram certamente interessantes, e destacaram alguns aspectos que precisam ser desenvolvidos. Mas suas implicações não são conclusivas por si só. Na verdade, são extremamente imprecisas, pois não consideram as especificidades da interação e a maneira pela qual acaba se desdobrando. O curso da análise funciona desenvolvendo ideias sobre o que está em marcha em algumas matérias ("hipóteses", no linguajar dos grandes métodos) e explorando tais ideias, para verificar até que ponto fazem sentido. (2004: 189)

As tabulações que batizei como sendo do Tipo 2 são usadas em um estágio mais avançado da pesquisa, depois de se ter identificado um fenômeno claro. Nesse contexto, a quantificação pode praticamente igualar-se com a lógica da pesquisa qualitativa quando, em vez de conduzir pesquisas ou experimentos, contamos as categorias de participantes como usadas em lugares de ocorrência natural. Permitam-se dar um exemplo disso.

No começo da década de 1980 (ver Silverman, 1987: Caps. 1-6) eu comandava um grupo de pesquisadores estudando uma unidade de cardiologia pediátrica (infantil). Boa parte de nossos dados procedia de gravações realizadas em uma clínica externa durante uma semana.

Logo passamos a nos interessar pela maneira como as decisões (ou "determinações") eram organizadas e anunciadas. Parecia provável que o estilo do médico ao anunciar decisões estivesse sistematicamente relacionado não apenas a fatores clínicos (como as condições cardíacas da criança), mas igualmente a fatores sociais (como aquilo que se poderia dizer aos pais nos vários estágios do tratamento). Por exemplo, em uma primeira consulta de pacientes externos, os médicos normalmente não iriam anunciar aos pais a constatação de uma grande disfunção cardíaca e a necessidade de cirurgia de risco de vida. Em vez disso, os médicos anunciariam a necessidade de testes mais completos e somente deixariam no ar a eventual necessidade de uma cirurgia de grande porte. Eles igualmente colaborariam com os pais que produzissem exemplos da aparente "boa condição" dos filhos. Esse método passo a passo de transmissão de informação era evitado apenas em duas instâncias. Quando uma criança era diagnosticada como "saudável" pelo cardiologista, o médico passaria toda a informação a respeito de imediato e se envolveria naquilo que chamamos de operação de "busca e destruição", baseada em eliminar quaisquer dúvidas remanescentes entre os pais e em provar que eles estavam errados em suas preocupações.

Em contraste, no caso de um grupo de crianças com o problema adicional da síndrome de Down, junto com a suspeita de problema cardíaco, o médico apresentaria toda a informação clínica disponível em uma única oportunidade, evitando o método passo a passo. Mais ainda, atipicamente, o médico permitiria que os pais fizessem a opção por determinar ou não tratamento adicional, incentivando-os, ao mesmo tempo, a envolver-se em aspectos não clínicos, como a possibilidade de os filhos "desfrutarem melhor a vida".

Esse foco médico nas características *sociais* da criança era visto logo no início de cada série de consultas. Eu pude construir uma tabela, baseada em uma comparação de consultas com portadores e não portadores de Down, mostrando as diferentes formas das perguntas dos médicos aos pais, e as respostas destes.

No começo a Tabela 4.1 pareceu muito inexpressiva – exatamente o tipo de perguntas que se esperaria que um médico cardiologista fizesse aos pais em uma primeira consulta. Foi apenas quando comparamos essas perguntas com o formato das perguntas sobre crianças sem síndrome de Down que notamos a emergência de um fator intrigante.

Tabela 4.1 Perguntas em consultas iniciais (Crianças com síndrome de Down)

Ele/ela se sente bem?	0
Em sua opinião, a criança está bem?	1
Você distingue alguma coisa errada com ele/ela?	0
Ele costuma ficar sem fôlego?	1
Ela costuma ter infecções respiratórias?	1
Como ele/ela se sente de maneira geral?	6
Pergunta não feita	1
Total	10

Fonte: Adaptada de Silverman (1981)

As Tabelas 4.1 e 4.2 mostram uma forte tendência dos médicos a não usar a palavra "bem" com relação a crianças com síndrome de Down. Em minha clínica de cardiologia, a pergunta que o médico fazia mais comumente aos pais era: "Como a criança se sente?". No entanto, os pais de crianças com síndrome de Down raramente eram submetidos a essa mesma interrogação. Em vez disso, a pergunta mais comum era: "Como ele/ela está?". Vale notar que as categorias nas tabelas não foram por mim estabelecidas. Eu simplesmente tabulei as diferentes perguntas da forma como apresentadas (de maneira semelhante àquela pela qual Hepburn e Potter tabularam o uso, pelos participantes, da palavra "preocupação").

Análise complementar revelou que os pais colaboraram na escolha de palavras pelos médicos, respondendo em termos como "tudo bem" e "tudo certo", em vez de simplesmente "bem". Essa ausência de referência ao "bem-estar" mostrou-se crucial para o entendimento da formatação subsequente da consulta clínica.

Tabela 4.2 Perguntas sobre histórico na primeira consulta (amostra aleatória da mesma clínica da tabela anterior)

Ele/ela se sente bem?	11
Em sua opinião, a criança está bem?	2
Você distingue alguma coisa errada com ele/ela?	1
Do ponto de vista do coração, a criança é ativa?	1
Como ele/ela tem passado?	4
Perguntas não feitas	3
Total	22

Fonte: Adaptada de Silverman (1981)

Tendo comparado o estilo médico de obter informações sobre o histórico de crianças provindas de famílias com ou sem casos de síndrome de Down, avançamos para o estágio final dessas consultas a fim de examinar como se chegava a decisões sobre tratamento. No começo da década de 1980, a uma criança com sintomas de doença cardíaca congênita seria comumente recomendada a cateterização cardíaca, um teste diagnóstico que exigiria uma breve internação do paciente.

Nesses casos, o médico diria aos pais algo no estilo:

"O que propomos fazer, se vocês concordarem, é um pequeno teste."

Nenhum pai discordaria de uma sugestão em termos tão formais assim. Para as crianças com síndrome de Down, no entanto, o direito dos pais de escolher era muito mais do que formal. O médico diria a eles coisas nesta linha:

"Penso que o que iremos fazer agora depende um pouco dos sentimentos dos pais."
"Agora depende um pouco daquilo que você pensa ."

"Isso depende em grande parte da opinião pessoal de vocês sobre como devemos proceder."

Além disso, essas consultas eram mais prolongadas e aparentemente mais democráticas do que em qualquer lugar. Uma visão do paciente no contexto familiar era incentivada, e aos pais eram oferecidas todas as oportunidades de formalizar suas preocupações e de participar no processo de decisão.

Nessa amostra parcial, ao contrário da amostra geral, sempre que lhes era dada uma real possibilidade de escolher, os pais recusaram o teste – com uma única exceção. E, ainda assim, isso serviu para reforçar, em vez de desafiar, a política médica na unidade envolvida. Essa política pretendia desincentivar a cirurgia, tudo tendo o mesmo efeito, em crianças nesse estado. Assim, o formato democrático existia com a manutenção de uma política autocrática – na verdade, era apoiado por ela.

A pesquisa descobriu, pois, as mecânicas pelas quais uma determinada política médica acabava prevalecendo. A disponibilidade de gravações de um grande número de consultas, juntamente com um método de pesquisa que buscava desenvolver hipóteses por indução, significou capacitar-nos a desenvolver nossa análise dos dados pela descoberta de um fenômeno que não estávamos originalmente buscando – e que era muito mais difícil de concretizar em *designs* de pesquisa quantitativa mais estruturados.

O processo decisório "democrático" e/ou a "medicina do paciente como um todo" revelam-se, assim, como discursos sem qualquer significado intrínseco. Em vez disso, suas consequências dependem de seu desdobramento e articulação em contextos especiais. Dessa maneira, nem mesmo a democracia é algo a que devemos recorrer em todas as circunstâncias. Em contextos como esse, os formatos democráticos podem ser até mesmo parte de uma jogada de poder.

Duas questões de relevância prática emergem do estudo das consultas de síndrome de Down. A primeira, que pedimos ao médico preocupado para repensar sua política ou pelo menos revelar sua agenda oculta aos pais. Não colocamos em dúvida o fato de que existem muitas formas de tratar essas crianças que não sejam as cirurgias. Por exemplo, elas têm um índice de sobrevivência pós-operatório muito pobre, e a maioria dos pais reluta em autorizar a cirurgia. Contudo, existe o risco de estereotipar as necessidades dessas crianças e de seus pais. Ao "falar claro" a respeito de sua política, o médico tem condições de capacitar os pais a tomar uma opção mais esclarecida.

O segundo ponto prático, revelado por essa pesquisa, foi mostrar que não devemos supor que qualquer técnica de comunicação em especial funcione sempre da mesma maneira não importando o contexto. Minha posição relativista sobre medicina "centrada no paciente" serve adequadamente para irritar médicos liberais aferrados a essa ortodoxia muito em moda. Isso porque, como todo bom profissional da medicina sabe, nenhum estilo de comunicação é intrinsecamente superior a outro. Tudo depende do contexto.

Esses dois exemplos (crianças com síndrome de Down em uma clínica de cardiologia, e o estudo de Hepburn e Potter dos telefonemas a um serviço de proteção a crianças sob ameaça) mostram que não existem razões pelas quais os pesquisadores qualitativos não deveriam, quando apropriado, usar medidas quantitativas. Técnicas simples de contagem, teoricamente elaboradas e idealmente baseadas nas categorias dos próprios participantes, podem oferecer os meios de investigar o corpo inteiro de dados normalmente perdidos na pesquisa intensiva, qualitativa. Em vez de confiar na palavra do pesquisador, o leitor tem a oportunidade de ganhar um sentido do peso dos dados como um todo. Em troca, os pesquisadores tornam-se capazes de testar e revisar suas generalizações, removendo assim dúvidas perturbadoras a respeito da certeza de suas impressões sobre os dados.

Isso indica que tabulações simples, bem fundamentadas, conseguem incrementar a qualidade da pesquisa qualitativa e despertar o interesse de profissionais habituados a ver a pesquisa expressada sempre numericamente. Um recente estudo analítico da prática médica (consultas gerais) nos EUA, por John Heritage e colaboradores (2006), destaca enfaticamente esse ponto (ver os extratos de seu trabalho a respeito no exemplo a seguir). O estudo revela que as consultas médicas corriqueiras podem, em infinita e indistinguível miríade de formas, deixar de satisfazer as preocupações dos pacientes.

Satisfazendo as Preocupações Não Atendidas dos Pacientes

Conforme a National Ambulatory Medical Care Survey, cerca de 40% dos pacientes levam mais de uma preocupação às visitas médicas primárias, de manutenção. Alguns estudos sugerem que, tendo a oportunidade para tanto, os pacientes abordam em média três preocupações em cada uma dessas visitas/consultas. No entanto, as perguntas mais comumente usadas pelos médicos na abertura dessas consultas (p.ex., "O que posso fazer por você hoje?") costumam evocar apenas uma preocupação, e a expressão e exploração de preocupações adicionais é frequentemente abreviada, quando não ausente.

Como a visita/consulta de atendimento primário é limitada a cerca de 11 minutos na medicina de família, e pelo fato de que novas e potencialmente sérias preocupações podem emergir mais adiante nas consultas, os médicos tendem a enfrentar dificuldades na busca de administrar com eficiência todo o conjunto de preocupações dos pacientes...

Este estudo testa dois *designs* de perguntas que implementam a pesquisa recomendada de preocupações adicionais para determinar se, quando da pergunta feita no momento adequado, consegue ou não reduzir a incidência das preocupações não atendidas dos pacientes. Ele igualmente examina o impacto dessas perguntas sobre a duração da consulta/visita, e sobre a proliferação de preocupações que não tiverem sido antecipadas pelos pacientes antes das visitas, mas produzidas em caráter contingencial como resposta às perguntas do estudo.

Dois Tipos de Design *de Perguntas*

É questão há muito definida que o *design* das perguntas sim/não frequentemente comunica uma expectativa em torno de respostas "sim" ou "não". Por exemplo, as perguntas a seguir, extraídas de uma visita médica real, são todas indutoras de respostas "não":

Médico.:   -- > Você tem quaisquer outros problemas médicos?
Paciente: Ãh? Não
(7 segundos de silêncio)
Médico: -- > Nada no coração?
Paciente: ((tosse)) Não
(1 segundo de silêncio)
Médico: -- > Algum problema nos pulmões, que você saiba?
Paciente: Não

Um elemento desse processo de comunicação deve ser encontrado em palavras que os linguistas reconhecem como dotadas de polaridade positiva ou negativa. Por exemplo, a palavra "quaisquer" é polarizada de maneira negativa: ela comumente ocorre em sentenças declaratórias que são esquematizadas de modo negativo (p.ex., "não tive quaisquer amostras"), e é normalmente considerada inapropriada em sentenças declaratórias esquematizadas de modo positivo (p.ex., "tive quaisquer (algumas) amostras". Em contraste, a palavra "alguns/umas" é considerada apropriada em sentenças de esquematização positiva (p.ex., "tive algumas amostras") e inapropriada em sentenças de esquematização negativa (p.ex., "não tive algumas amostras").

Embora tanto "alguns/umas" quanto "quaisquer" possam ser apropriadamente usadas em perguntas, suas associações polarizadas podem ter uma influência causal direta que provoca respostas induzidas. Este estudo faz testes para tal sentido em relação à pergunta "existe [alguma/qualquer] coisa diferente que você gostaria de abordar na consulta de hoje?".

Intervenção
Depois de terem os médicos realizado quatro visitas/consultas de maneira normal, foram aleatoriamente a uma dentre duas condições de intervenção para todas as observações restantes. Os médicos analisaram um vídeo de cinco minutos que descrevia, explicava e exemplificava a intervenção da comunicação. A gravação pedia que os médicos abrissem suas visitas da maneira habitual e, uma vez tendo determinado a preocupação principal, perguntassem "há qualquer outra coisa que você gostaria de abordar nesta consulta de hoje?" (a condição QUALQUER), ou "existe alguma outra coisa que você gostaria de abordar na visita/consulta de hoje?" (a condição ALGUMA).

Quarenta e nove por cento da amostragem relacionaram mais de uma preocupação na pesquisa anterior (média 1,7; desvio padrão 0,9; amplitude 1-6). Na visita gravada, 53% dos pacientes apresentaram mais de uma preocupação (M 1,9; DP 1,0; A 1-5). Em comparação com outros controles, os pacientes aos quais não se solicitou que listassem suas razões para a consulta médica na pesquisa prévia não diferiram significativamente no número de preocupações apresentadas, indicando que a pesquisa pré-visita não teve um efeito de pressão (p= 0,998).

A análise primária da intervenção foi limitada a pacientes que apresentaram duas ou mais preocupações pré-consulta (n= 100). Na condição de controle (n=36), 42% dos pacientes deixaram as consultas com pelo menos uma preocupação não atendida, em comparação com apenas 24% dos pacientes na condição ALGUMA (n= 29). Quarenta e três por cento dos pacientes na condição QUALQUER (n= 35) saíram com preocupações não abordadas.

As preocupações não abordadas/atendidas dos pacientes podem agravar os problemas médicos não avaliados, contribuir para ansiedades desnecessárias dos pacientes, ou resultar em visitas adicionais com um alto custo em termos de tempo do paciente e recursos médicos limitados. Ainda que os livros-texto sobre entrevistas médicas recomendem avaliar as "preocupações adicionais (dos pacientes) nos primórdios da visita com perguntas tais como "você enfrenta quaisquer outras preocupações que gostaria de discutir hoje?", nossos resultados indicam que tal recomendação, se cumprida em sua plenitude, não irá reduzir a incidência das preocupações não satisfeitas dos pacientes. Contudo, uma modificação comparativamente simples dessa pergunta, transformando-a em "você enfrenta alguma outra preocupação que gostaria de discutir hoje?", pode praticamente reduzir à metade a incidência das preocupações não atendidas dos pacientes. (Heritage et al., 2006: 1-9)

Conclusões

Em determinados aspectos, este capítulo seguiu uma abordagem inclusiva, um pouco parecida com aquele raro exemplo de aparente liberalismo na China de Mao Tse-Tung que surgiu de sua citação "Que mil flores desabrochem". Entre outras coisas, sugeri que, a fim de melhorar a relevância prática da boa pesquisa qualitativa:

- o uso inteligente da contagem pode falar aos profissionais e aos planejadores de políticas e ao mesmo tempo melhorar a validade da pesquisa;
- a etnografia consegue revelar coisas fascinantes e de relevância prática sobre as rotinas organizacionais;
- a CA pode mostrar os pormenores da interação e até mesmo revelar aos profissionais habilidades que eles nem suspeitavam possuir (ver, em especial, Peräkylä, 1995).

Há, no entanto, um ponto que emerge dessas questões precisando ser muito bem definido. Trata-se de um pensamento que eu gostaria de deixar com os leitores: escrever é algo que se faz sempre para um *público*. Comodamente, muita gente acredita que uma titulação acadêmica supõe que escrever não passa de algo destinado a agradar a uma pessoa (seu professor) e com isso obter uma boa avaliação. Mesmo se você tiver a sorte de continuar em uma pós-graduação, ou ainda conquistar uma posição dentro de uma universidade, seguirá permanentemente precisando recordar para si mesmo que os colegas de academia constituem tão-somente um de seus potenciais públicos. Em algum estágio, de alguma forma, seu público deveria incluir planejadores de políticas, profissionais e (apesar de escassamente abordados neste capítulo) públicos leigos.

Contudo, embora reconhecendo que existem semelhantes públicos que constituem um necessário primeiro passo, este, por si, não é suficiente. Cada grupo só irá se interessar por seu trabalho se ele se relacionar às necessidades específicas desse público. Assim, é preciso que você entenda de onde tais grupos procedem, e escreva de uma maneira, tanto em termos de forma quanto de conteúdo, que consiga abordar preocupações que você compartilha com eles. Isso significa implementar uma habilidade de que fazemos uso o tempo inteiro na vida diária (por exemplo, relacionando as expectativas do público existente à maneira pela qual emitimos um convite ou damos más notícias). A CA chama tal habilidade de "*design* de recipiente".

Na análise final, se pretender ser bem-sucedido em sua pesquisa e mais além, precisará acima de tudo ser responsivo aos vários públicos eventualmente preparados para ouvir aquilo que você tem a dizer. Como em tantos outros aspectos da vida, as pessoas que se queixam do "mundo cruel" são, muitas vezes, as mesmas que desprezam a tarefa ocasionalmente difícil, mas em geral gratificante, de ouvir o que os outros têm a dizer.

5
A Estética da Pesquisa Qualitativa: sobre Blá-blá-blá e Amígdalas

Verdade, Sir, é uma vaca que deixará de produzir leite para essas pessoas, e assim elas acabarão tendo de ordenhar o touro. (Boswell, *The Life of Johnson*)

No capítulo anterior, discuti a contribuição que a pesquisa qualitativa pode dar à sociedade. Neste, abordarei a transição daquilo que a pesquisa qualitativa *faz* para a questão mais fundamental de sua natureza, ou seja, o que ela realmente *é*, não importando contribuição alguma que ela possa ter dado à sociedade (ou a qualquer outra instância).

Por isso preciso perguntar: em que sentido nosso tipo de pesquisa exige atenção e comprova ter valor por aquilo que é, e não necessariamente por aquilo que faz? É por isso que uso aqui a palavra "estética". Ela indicará que estaremos examinando as proclamações que a pesquisa qualitativa contemporânea faz a seu próprio respeito. Examinemos, por exemplo, o seguinte pedido de ajuda de um estudante, divulgado em um *site* da internet.

> **Identidade no refrigerador**
> Estou no momento completando um projeto para um curso de arquitetura em que examino o refrigerador como um meio de avaliar questões de lugar e identidade. Trata-se de um exercício de mapeamento pelo qual devo gerar mapas de complexos relacionamentos que não são facilmente aparentes com o mapeamento do conteúdo do congelador. Os seguintes devem ser levados em conta:
> • O congelador se transforma em um relicário para a contemplação daquilo em que a pessoa se transformará
> • Define uma exploração antropológica precipitada por (uma) refeição e feita em um ritmo alucinante
> • Emoldura os retratos arcimboldianos de escolha de estilo de vida

- É um totem fetichista de *status* doméstico, quase sempre tão vazio de significado quando é de nutrição
- É uma câmera criogênica de putrefação alimentar suspensa

Existe alguém aí que tenha conhecimento de publicações/ensaios que encarem o refrigerador como um reflexo da identidade? Tenho interesse igualmente em quadros, desenhos, colagens etc. capazes de abordar esse tópico. Favor enviar diretamente por *e-mail*.

O projeto de pesquisa desse estudante (que me foi repassado por Anne Murcott) servirá como um exemplo das coisas que me preocupam em relação ao nosso campo. Ele levanta uma série de questões. A primeira delas: por que utilizar jargão tão complicado na definição do problema de pesquisa – p. ex., "relicário", "arcimboldianos", "totem", "câmera criogênica"? Por que não simplesmente trabalhar de forma indutiva e dizer que está interessado em saber como as pessoas usam seus refrigeradores? A partir daí será possível estudar o que elas fazem e relatar os resultados disso, reconhecendo que "identidade" pode não fazer parte disso.

Em segundo lugar, é preciso levar em consideração que isso é apenas um projeto de pesquisa. Como foi que os cursos de arquitetura acabaram envolvidos nesse tipo de teoria e jargão pretensiosos aqui desenvolvidos? Por que são os arquitetos treinados na busca de literatura obscura, em vez de serem incentivados a estudar como as pessoas se comportam no mundo real? Como iremos ver mais adiante, acredito que parte da resposta resida na forma pela qual uma determinada abordagem (pós-modernismo) chegou a privilegiar teorias pomposas e textos experimentais, à custa de inquirição sóbria e preocupação com a verdade.

A esse respeito, a ciência social está apenas um pouco atrás daquilo que aconteceu nos estudos de literatura. Em uma conferência da *Modern Language Association*, David Lehman garante ter ouvido o seguinte:

> Se você pretende estar no centro das atenções dos críticos, precisa ser um desconstrucionista, ou um marxista ou uma feminista. Do contrário, não terá a menor oportunidade. Jamais será levado a sério. O importante não é aquilo que você sabe, ou não sabe. O que conta é sua abordagem teórica. E isso significa co-

nhecer o jargão, saber quem é *in* e quem não é. (Lehman, 1991: 52, citado por Benson e Stangroom, 2006: 151-152)

Os filósofos Ophelia Benson e Jeremy Stangroom se referem a essa necessidade de exibir jargão como a Síndrome da Cauda do Pavão. E explicam:

> À medida que a Teoria estabeleceu posição no mundo acadêmico, os jovens e ambiciosos acadêmicos passaram a ter de concorrer em um terreno que ela definia. Quanto mais Teoria dominavam, mais feroz se tornava a concorrência, o que supunha que, se os intelectuais pretendessem ser notados, era indispensável engajar-se em demonstrações crescentemente ostentosas de virtuosismo teórico. No final, impulsionada por um *loop* de *feedback* positivo, a demonstração tornou-se tudo: os pavões colonizaram o mundo dos estudos literários. (2006: 154)

Naturalmente, isso não significa que a teoria não tenha uma função crucial a desenvolver na pesquisa. Contudo, como já argumentei (Silverman, 2005, 2006), o pensamento teórico deveria ser um suporte da pesquisa sóbria, empírica – e não seu sucedâneo.

Como já deve estar claro a esta altura, neste capítulo apresentarei meu próprio diagnóstico da pesquisa qualitativa contemporânea. À medida que você avançar na leitura das próximas páginas, poderá notar uma mudança de tom em relação ao restante deste livro. Por exemplo, o capítulo anterior foi intencionalmete equilibrado e sóbrio. Em contraste, este, como implícito no subtítulo, poderá parecer a alguns leitores escandaloso, talvez até falso. Isso também é intencional.

Ao longo deste livro, vimos que "pesquisa qualitativa" é uma zona contestada. Mas, como você acabará descobrindo, quando se trata de estética, não é nada menos do que um campo minado onde posições de trincheiras constituem a ordem do dia. Assim, este capítulo é uma tentativa no sentido de uma proclamação clara daquilo que acredito ser o certo e o errado entre essas argumentações conflitantes.

Nenhuma palavra a respeito do subtítulo. Vou, por enquanto, manter as amígdalas no armário, ou quem sabe em minha garganta. Mas, o que dizer a respeito de "blá-blá-blá"? Permitam-me abordar a utilização desse termo em um estilo indireto.

Blá-blá-blá (*bullshit*) é um termo moderno: na Europa de 100 anos atrás, acredito, era praticamente desconhecido. Contudo, havia uma palavra em voga com utilização similar. A palavra *kitsch* era comumente usada na Viena do fim do século 19 para descrever pretensiosas formulações políticas e culturais. Aprendemos com o maravilhoso livro *Wittgenstein's Vienna* (1996), de Janik e Toulmin, que o imperador da dinastia dos Habsburgo da Austro-Hungria assinava-se *K und K* (*kaiserlich* e *königlich*, ou "imperial e realmente"). *K und K* era a base para a "Kakania", o termo que o novelista Robert Musil usou para simbolizar a Viena de 100 anos atrás, quando um império cambaleante perdeu a capacidade de sustentar as pretensões imperiais. Incidentalmente, é bom saber que "Kaka" é um eufemismo para "merda", e assim já vemos uma ligação com "blá-blá-blá" (*Bullshit*)!

O filósofo Wittgenstein, com quem deparamos pela primeira vez no Capítulo 1, foi outro produto da Viena da última fase dos Habsburgos. Ele satirizou as exageradas proclamações dos filósofos, bem como (incidentalmente) a música grandiloquente de Gustav Mahler (que se inspira nos mesmos temas românticos e emocionalistas que, como comprovarei mais adiante, caracterizam boa parte da pesquisa qualitativa contemporânea).

Quase 100 anos depois de Mahler e dos Habsburgos, o escritor tcheco Milan Kundera, em *A Insustentável Leveza do Ser* (2004), discute as políticas do *kitsch*, mostrando como os velhos regimes socialistas do Leste Europeu elaboraram sujeitos que estavam sempre marchando e saudando quase que da mesma forma que nas concentrações em Nuremberg durante a era nazista. No mundo pós-comunista de *Imortalidade*, obra posterior de Kundera, as pessoas continuam marchando mas as bandeiras tendem a mostrar o Pato Donald e Mickey Mouse em lugar de Karl Marx e Friedrich Engels. Disney substituiu Marx, mas o *kitsch* sobrevive e o espetáculo nem por isso é menos político.

Por volta do começo do século atual, em um mundo unipolar, o Império Americano substituiu os impérios soviético, nazista e dos Habsburgos. Assim, vamos substituir a palavra habsburguiana *kitsch* pelo termo americano *Bullshit*. Harry Frankfurt (2005) discutiu a origem dessa palavra usando dicionários, mas prefiro a observação de Eric Whittle sobre aquilo que *bullshit* significa no *outback* australiano, no exemplo a seguir.

> **Bullshit no *outback* australiano**
>
> De todas as definições de *Bullshit* lidas até agora, ainda não encontrei uma que discutisse a própria fonte da matéria, o touro. Falo dos muitos anos de experiência de trabalhar com, e observar, gado selvagem em nosso sertão do norte. Como os machos de outras espécies animais, os touros disputam seus direitos de harém. Normalmente, se envolvem em uma rotina de exibir algo parecido com "chegue mais perto e eu acabo arrebentando seus chifres!". Há muito de blefe, ranger de dentes, ruminar e, literalmente, defecação. O processo pode levar minutos, ou mesmo horas, e em todo esse tempo os touros largam m... pelo traseiro e a espalham, por onde passam, com a cauda. Você sabe que um touro está a fim de brigar quando vê sua retaguarda coberta de meleca esverdeada. Eles giram uns em torno dos outros com o nariz no chão, amassando quanta poeira puderem (pense em "poeira de touro"), ameaçando-se e cheirando a meleca uns dos outros. Não parece o retrato de alguma discussão acadêmica que o leitor já tenha testemunhado? O ponto importante é que o ganhador quase sempre sai dessas preliminares. O processo pode durar algum tempo, mas um ou outro já ganhou, e não existe mais o risco de um confronto que exija o embate dos chifres. Basta uma corrida breve e está tudo resolvido. Em conversas entre os vaqueiros, o uso do termo *Bullshit* ocorre sempre nesse contexto. Quando alguém parece estar blefando/exaltando/exagerando sua capacidade de montar, domar, beber ou brigar, está sempre "cheio de blá-blá-blá", ou é simplesmente desprezado com um solene "Pô, lá vem de novo esse essa conversa! (Eric Whittle, comunicação pessoal, 2006).

Eric Whittle mira naquilo que blá-blá-blá representa no mundo acadêmico. Pretendo retornar brevemente ao assunto. No momento, meu objetivo é analisar até que ponto todo esse blá-blá-blá permeia a cultura popular e a política. Aqui, "blá-blá-blá" denota um mundo em que a estética se reduz à celebridade e ao estilo de vida. Um mundo em que jornais supostamente "sérios" são reduto de colunas sobre estilo de vida ensinando-nos a conduzir nossas vidas e segundo as quais os políticos precisam, para vencer, ostentar uma "narrativa pessoal" sedutora. Assim, Tony Blair, o ex-primeiro-ministro britânico, educado em Oxford, usa pausas glotais para se fazer passar por um "mortal comum" e torcedor de futebol; o "almofadinha" George W. Bush constrói uma imagem de caipira do Texas, e David Cameron, o abastado ex-aluno de Eton eleito para a liderança do Partido Conservador britânico, distribui fotos em que aparece ajudando a limpar a cozinha em sua casa, para que o público passe a vê-lo como "um homem de família como tantos outros".

Em uma política de cascateiros, "fatos" são tediosos e/ou irrelevantes. Em lugar disso, a política é feita com base em grupos de foco e percepções. Como o próprio Tony Blair disse em 2006, a política de lei e ordem "não trata de estatísticas, mas sim daquilo que as pessoas pensam a respeito... o temor do crime é, em alguns aspectos, tão ou mais importante do que o próprio crime" (citado em *The Economist*, 24 de junho de 2006).

Permitam-me apresentar-lhes mais dois exemplos daquilo que pretendo comprovar. No verão de 2005, a *Financial Services Authority* (FSA) da Grã-Bretanha teria reagido com indignação a comentários de Tony Blair segundo os quais "o regulador financeiro do Reino Unido é visto como opressor de empreendimentos respeitáveis". Uma porta-voz defendeu o discurso de Blair nestes termos:

> O primeiro-ministro evidentemente dá valor ao trabalho da FSA, mas nesse caso ele estava falando sobre as *percepções do público*. Se pais, cidadãos e as empresas *percebem* que existe excesso de burocracia e regulamentos sobre suas ações, é justo que o governo preste atenção ao fato. (*Guardian*, 6 de junho 2005, grifo meu.)

Aqui percebemos um governo fazendo política não em termos de análise isenta dos fatos, mas como uma reação precipitada a "percepções" públicas (percepções essas que muitas vezes não vão além das manchetes dos jornais do dia). Como tem acontecido na área criminal, isso estabelece um círculo vicioso em que mudanças na lei fazem com que ela perca progressivamente qualquer contato com a realidade. Tudo isso, na área da política, não passa de puro e simples blá-blá-blá.

Meu segundo exemplo é extraído do anúncio de um programa norte-americano para uma missão tripulada a Marte. Apesar de todas as evidências de que missões não-tripuladas rendem inúmeras vezes o valor de cada unidade monetária nelas empregada, foi isso que ouvi um professor do Instituto de Tecnologia da Califórnia (Caltech) afirmar, em 2005, em uma edição da *World News* da TV BBC, para apoiar os planos de Bush com relação a uma missão tripulada em Marte:

> Ter um ser humano em uma experiência em Marte é importante. Isso significa que milhões de pessoas na Terra poderão sentir a experiência de estar em Marte.

Poderíamos contestar essa justificativa de missões tripuladas a Marte com uma pergunta muito simples: o que significa "sentir a experiência de estar" em Marte? Como é possível ter uma experiência de um planeta alienígena exceto por meio de um enquadramento terrestre p.ex., comparando o que vemos com o que conhecemos sobre a Terra e/ou o que já vimos na ficção científica midiática tipo Guerra nas Estrelas ou Star Strek? Nesse sentido, o apelo do professor do Caltech a "experimentar" é, mais uma vez, puro blá-blá-blá.

Ao enfatizar dessa maneira a "experiência", o professor do Caltech me autoriza a fazer uma ligação com aquele que será um de meus principais temas: a priorização da categoria da (autêntica) experiência tanto na cultura contemporânea quanto na pesquisa qualitativa. Permitam-se apresentar um exemplo relativamente inofensivo nesse sentido.

Em seu recente e, de forma geral, excelente livro *Criminological Research* (2004), Noaks e Wincup lançam um apelo no sentido de uma melhor transcrição de nossos dados. Trata-se, realmente, de uma ideia sensível. Muitas vezes ocorre que pesquisadores qualitativos "higienizam" suas transcrições, sustentando seus argumentos com "extratos" de, digamos, entrevistas ou grupos de foco. Tais extratos apressadamente elaborados não conseguem relatar hesitações ou pausas, nem colocar o material escolhido no âmbito de uma sequência de interações (ver Capítulo 3). Mas não é exatamente este o argumento de Noaks e Wincup em favor de transcrições mais eficientes. Em vez disso, eles sugerem que melhores transcrições "comunicarão mais ao leitor sobre a atitude e o estado de espírito do entrevistado" (2004: 130).

Nessa passagem reveladora, vemos transcrições sendo consideradas como verdadeiros guias para estados psicológicos. Assim, quando integrantes do público falam a um entrevistador ou grupo de foco, recebem garantias de estar simplesmente evocando seus estados de espírito preexistentes e descrevendo seus estados íntimos. Mas, como vimos no Capítulo 3, falar é engajar-se em várias atividades. Através dessas atividades, estados íntimos já se tornam disponíveis para outros participantes que entendem suas palavras.

Por exemplo, se eu perguntar "você está disponível no próximo sábado à noite?", será pela minha convicção de que você estará entendendo isso como o prefácio de um "convite" que virá a seguir. Se você não quiser aceitar meu convite (que ainda nem foi feito), apresentará uma desculpa qualquer, ou ficará hesitante. Eu então entenderei que melhor será não fazer o convite, e com isso poderemos nos separar amigavelmente. Por isso, tratar o que dizemos como simplesmente uma descrição de nosso estado de espírito interno é supor um ponto de vista do bom senso, que executa o que poderia ser chamado de Jogo da Experiência, da mesma forma que os apresentadores de programas de entrevistas da TV, seus convidados e as plateias.

Está na hora de concluir este preâmbulo e apresentar o argumento central. Ele terá quatro componentes principais:

1. A pesquisa qualitativa contemporânea tem sido infiltrada por dois elementos: o jogo da experiência do romanticismo e (como poderemos ver a seguir) o pastiche do pós-modernismo.
2. Esses dois elementos derivam de uma impensável adoção de determinados componentes da cultura contemporânea. Entendo que seguir este caminho é arriscar-se – pense a respeito das visões pervertidas da ciência em meados do século XX quando floresceram as ciências soviética e nazista.
3. Sob esses patrocínios, a pesquisa qualitativa pode ser puro blá-blá-blá, concebido não em seu sentido pejorativo e ver-

nacular, mas como algo extremamente *kitsch*, com excesso de jargão e abundância de teorias.
4. Retornando aos mesmos temas levantados no Capítulo 1, concluirei sugerindo uma estética alternativa à pesquisa qualitativa (mais contracultura do que cultura).

Infelizmente, argumentos como esses podem estar travando uma batalha perdida. Na medida em que os pesquisadores qualitativos têm abundantemente abraçado a cultura contemporânea, seu trabalho é principalmente blá-blá-blá.

Isso pressupõe uma variedade de questões. Em primeiro lugar, como poderemos caracterizar a pesquisa qualitativa contemporânea? Com base apenas em suas vendas, as três edições do *Handbook of Qualitative Research*, editado por Norman Denzin e Yvonna Lincoln, têm um caráter de ícone. Como é que esses acadêmicos definem nosso campo de ação? Em seus artigos, eles descrevem o que chamam de dois "estilos comuns de pesquisa" em pesquisa qualitativa. Consegui estabelecer os seguintes, com comentários explicativos dos autores:

- **Captar o ponto de vista do indivíduo**
    Os pesquisadores qualitativos pensam que podem se aproximar da perspectiva do ator através de detalhadas entrevistas e observações. Argumentam que os pesquisadores quantitativos raramente são capazes de captar as perspectivas de seus sujeitos.

- **Aceitação das sensibilidades pós-modernas**
    Métodos alternativos... incluindo emocionalidade, responsabilidade pessoal, uma ética do cuidado, práxis política, textos multivocais e diálogos com os sujeitos. (Denzin e Lincoln, 2000: 10)

Acredito que Denzin e Lincoln conseguiram captar com brilhantismo duas preocupações que dominam grande parte da pesquisa qualitativa contemporânea. Concordo igualmente com o argumento deles, expressado em outras partes desta obra, de que a pesquisa não existe em um vazio, pelo contrário, é intimamente ligada aos trabalhos da sociedade moderna.

No que se segue, examinarei um "estilo" de cada vez, enfatizando a maneira pela qual cada um deles se liga aos aspectos mais ou menos óbvios da cultura contemporânea. Assim fazendo, procurarei separar questões sobre "é" e "deve ser". Se aceitássemos o diagnóstico de Denzin e Lincoln das preocupações da pesquisa qualitativa, estaríamos obrigados a sustentá-lo?

Experimentação e nosso caso de amor cultural com o "real"

O retrato feito por Denzin e Lincoln daquilo que os pesquisadores qualitativos "pensam que podem (fazer)" (primeira citação) parece diferenciar-nos maravilhosamente daqueles ignorantes trituradores de números cuja preocupação com simples "fatos" impossibilita um adequado entendimento daquilo que Denzin e Lincoln chamam de "a perspectiva do ator". De acordo com essa visão, nossa pesquisa se preocupa com "as perspectivas dos participantes e sua diversidade" (Flick, 1998: 27) e busca "documentar o mundo pelo ponto de vista das pessoas estudadas" (Hammersley, 1992: 165). Quando estudamos entidades como organizações, então, a questão fundamental passa a ser: "Como atingir e documentar a experiência vivida dos integrantes organizacionais?" (Eberle e Maeder, 2002: 1).

Essa atenção à "perspectiva", ao "ponto de vista" e à "experiência vivida" das pessoas que estudamos revela um consenso raramente modificado a respeito da natureza de nosso empreendimento e seus objetivos analíticos. Embora, como Flick destaque (1998: 17), seja frequentemente relacionada com a tradição interacionista simbólica, vai muito além em termos gerais através da pesquisa qualitativa.

E, no entanto, o que tais pesquisadores chamam de "a perspectiva do ator" é uma noção muito escorregadia, como já sabia muito bem seu ancestral intelectual, Max Weber (1949). Como Weber destacou cerca de meio século atrás, não existe uma relação correspondente entre nossos entendimentos e nossas ações. Na verdade, dada a natureza rotinizada de boa parte dos comportamentos, não se torna arriscado supor que existe um "ponto de vista", ou "perspectiva", escondido por trás de cada ato?

Existe ainda um problema complementar. Muitos pesquisadores qualitativos que batalham pelo ponto de vista do sujeito ou privilegiam a experimentação simplesmente não questionam de onde vem o "ponto de vista" desse sujeito, nem como a "experimentação" é definida em determinado sentido exatamente pelos indivíduos cuja experiência eles buscam comentar. Será que isso não emerge, de uma ou outra forma, dos variados contextos a partir dos quais "nos alimentamos da experiência" para reunir perspectivas a respeito de quem e o que somos?

Um exemplo gritante dessa perspectiva é um episódio a respeito de um dos estudantes de doutorado de Jay Gubrium (Gubrium e Holstein, 2002: 21-22). Esse estudante entrevistou farmacêuticos envolvidos em abusos de drogas. Seu objetivo era entender como justamente aqueles que "deveriam saber de tudo" iriam explicar como tudo aquilo havia acontecido exatamente com eles. Pelo que se viu, aquilo que esses farmacêuticos disseram ajustou-se com exatidão nas familiares rubricas dos grupos de auto-ajuda. Na verdade, muitos deles haviam frequentado grupos como os Alcoólatras Anônimos (AA) e Drogaditos Anônimos (DA). Por isso mesmo, em que sentido poderiam ser tais relatos histórias "próprias" dos farmacêuticos? Como Gubrium destacou, não é verdade que tais histórias "pertencem" não apenas a indivíduos, mas a determinados discursos organizacionais, que nesses grupos acabam simplesmente ganhando uma "voz"?

Claro, a observação de Gubrium é muito diferente da maneira pela qual os meios de comunicação de massa detalham nossas vidas. Esses meios pretendem oferecer "experiências autênticas" ao mergulhar profundamente em nossos mais íntimos pensamentos e sentimentos. Como sugeriu o jornalista Ludovic Hunter Tilney, existe um amplo mercado para semelhante conversa mole: "O mercado para as experiências de vida reais é enorme e quase sempre lucrativo, seja manifestado em *reality shows*, seja em dramáticas reconstituições penosas de fatos reais" (*Financial Times*, 12 de março de 2005).

Parece que os meios de comunicação vão muito além de buscar emoções "autênticas", pois na verdade *exigem* essas emoções. Por exemplo, parentes e amigos em luto deveriam poder chorar seus mortos em paz. Veja o exemplo a seguir.

Assassinato no Sertão

Em 2004-2005, os jornais britânicos e australianos divulgavam grandes reportagens sobre uma andarilha britânica, Joanne Lees, que havia escapado por pouco de um ataque na estrada, no sertão australiano, assalto esse em que seu namorado fora assassinado. Acontece que, apesar dessa experiência horrível, ela acabou sendo vítima de um verdadeiro assassinato de caráter pela mídia logo depois do episódio. O motivo principal para tanto esteve no fato de que o relato dela a respeito do ocorrido foi dado como estranhamente "despido de emoção". No julgamento do suspeito desses ataques, ela mostrou ter aprendido a respeito desse "erro". Dessa vez, o assistente da promotoria fez a ela várias perguntas sobre como se sentiu na época, e Joanne Lees proporcionou respostas fortemente emocionais, chegando mesmo a romper em lágrimas algumas vezes.

Onde ficaram as emoções de Joanne Lees? Seriam resultados daquilo que ela sentiu na época ou daquilo que sente agora? Ou estaria cooperando com o advogado na produção de um *show* de emoções apropriado para sua situação? E não é dessa forma que as emoções normalmente funcionam? Por exemplo, Heath (2004) mostra como um grito de "dor" em uma consulta médica é intimamente relacionado com a interação entre médico e paciente – esse grito não se repete quando uma parte "dolorida" do corpo é tocada pelo médico pela segunda vez.

Como o caso de Joanne Lees bem ilustra, os noticiários e documentários de televisão cada vez mais procuram satisfazer nossa demanda de penetrar nas mentes das pessoas e de assistir a emoções "em estado bruto". Vejamos o exemplo a seguir, escolhido aleatoriamente:

Mãe aliviada com a libertação do filho do Camp X-Ray (manchete do serviço de teletexto da BBC TV)

Você poderia dizer: e existe alguma mãe no mundo que não se sinta aliviada com a libertação do filho de semelhante campo de detenção? É evidente que isso só seria manchete se essa mãe desejasse que o filho continuasse no Camp X-Ray e se mostrasse preocupada com a saída dele...

Ainda assim, nossa mídia (e, para sermos justos, a maioria de nós) depende de excertos como esse de aparentemente "experiência vivida". O fato de se tratar de fatos inteiramente previsíveis parece não ter a menor importância. Na verdade, exige-se de todos nós que tenhamos uma resposta emocional adequada à importância atribuída a tais fatos. Pense, por exemplo, em quantas vezes atletas de sucesso dizem a seus entrevistadores que "a ficha não caiu". Afinal de contas, eles precisam ser vistos como percebemos a nós mesmos, como gente decente, surpreendida pela boa sorte.

Poucas vezes o absurdo desse tipo de resposta fica claro. Por exemplo, depois do resgate de alguns homens de um desastre em uma mina nos EUA, um repórter de TV perguntou a um funcionário da mineradora:

> *Entrevistados*: Como as pessoas se sentiram depois do resgate dos homens?
> *Funcionário*: Na verdade, não deu pra saber, porque eu estava ocupado demais falando com gente como você (repórter de TV).

Foi um caso raro de um entrevistado se recusando a jogar o Jogo da Experiência. O funcionário da mina mostrou-nos que esse tipo de discurso sobre "sentimentos" não passa de um produto das demandas da mídia. Ocasiões como acidentes em minas e assassinatos (especialmente de crianças) são um maravilhoso alimento para o moinho da mídia. Referindo-se aos relatos do que ocorreu imediatamente após o assassinato em Soham, Inglaterra, de duas jovens, um crítico escreveu:

> Como você se sente em relação ao sequestro e assassinato dessas duas meninas de dez anos de idade? Vamos lá, como é que você se sente de verdade? Isso mesmo, você tem plena razão, trata-se de uma pergunta totalmente estúpida, sem sentido e sem sentimento. Então, por que grande parte da mídia passou uma noite inteira exigindo respostas a esta e outras perguntas semelhantes de todo mundo presente em Soham e arredores? ("These mawkish tears are an insult", *The Times*, Mick Hume, 19 de agosto de 2002)

A reportagem contemporânea, expõe Mick Hume, tanto descreve "emoções" em estado bruto quanto demanda que todos nós demonstremos fortes emoções sobre um evento, independente da conexão mínima ou máxima que tenhamos, ou não, com o fato gerador. Cada vez mais a mídia consegue fazer isso – pense nos milhões de pessoas no mundo inteiro que choraram quando da morte da princesa Diana em 1997, apesar de um "relacionamento" com ela que era limitado a imagens fugidias em uma tela.

Os políticos modernos reconhecem até que ponto passamos a ver o que era outrora pesar privado como questão pública. Basta lembrar a descrição feita por Tony Blair, em tom lacrimoso, de Diana como "a princesa do povo". Deixar de prestar atenção a "autênticas" emoções é caminho certo para a morte política, como Patrícia Hewitt, então ministra do governo britânico, certa vez sugeriu: "Os políticos perderam valor em função de... uma sociedade que valoriza a autenticidade da experiência pessoal" (*The Guardian*, 23 de junho de 2005).

Como Hewitt observa, um fato inescapável a respeito do ambiente cultural do mundo ocidental é que a "experiência vivida" precisa ser seguida e interrogada. Um aspecto disso é visto no trabalho das profissões "psi", especialmente nos métodos dos conselheiros mais habilidosos (ver Peräkylä, 1995). É claro, nem todo mundo frequenta um conselheiro, ou um psiquiatra. No entanto, muitos de nós somos ávidos espectadores dos *reality shows*, novelas e entrevistas de televisão nos quais a "experiência" das pessoas é quase sempre o alvo (ver Atkinson e Silverman, 1997).

As perguntas de Mik Hume deveriam ser igualmente feitas a pesquisadores que se sentem tentados pela isca da "experiência". Levada ao extremo, a pesquisa qualitativa deve privilegiar a "experiência" e os "sentimentos" quando, ao assim fazer, está reagindo aos mesmos imperativos de uma novela de televisão ou de uma sessão de terapia?

Como vimos no Capítulo 2, ainda que alguns pesquisadores observem e/ou gravem interações, a tecnologia predominante da pesquisa qualitativa é a entrevista. Se você tem dúvida a respeito, basta observar a atenção dispensada à entrevista nos textos de metodologia. Quando os pesquisadores qualitativos justificam a utilização de entrevistas, tendem a esquecer outros métodos qualitativos e simplesmente destacam as vantagens da entrevista abertas comparada à entrevista ou aos questionários quantitativos de questões fechadas. Por exemplo, Bridget Byrne sugere que:

> ... entrevista qualitativa é especialmente útil como método de pesquisa para acessar atitudes e valores individuais – coisas

que não são necessariamente observadas ou acomodadas em um questionário formal. Perguntas abertas e flexíveis tendem a obter respostas mais substanciais do que questões fechadas e, portanto, proporcionam melhor acesso aos pontos de vista, interpretação dos fatos, entendimentos, experiências e opiniões dos entrevistados... [a entrevista qualitativa] *quando bem feita* é capaz de atingir um nível de profundidade e complexidade não disponível em quaisquer outras abordagens, especialmente naquelas baseadas em questionários. (2004: 182, grifo meu)

A fim de obter "dados valiosos" na entrevista aberta, somos convencidos de que o essencial é a "escuta ativa", na qual o entrevistador "permite ao entrevistado a liberdade de falar para daí atribuir significados", sempre, porém, mantendo em mente os objetivos gerais do projeto (Noaks e Wincup, 2004: 80). Isso não parece em grande parte uma réplica do uso que a mídia faz da entrevista para elaborar o "imediato" e o "autêntico"?

Considere as entrevistas como uma forma moderna de autocompreensão. Na verdade, uma tarefa digna de valor para os pesquisadores qualitativos seria uma comparação de transcrições de entrevistas com cartas e diários no século XVIII, e com canções e folclore de eras ainda mais primitivas.

Por que poderia o romancista contemporâneo Milan Kundera comentar que, nas sociedades democráticas, é o entrevistador, mais do que o agente secreto, aquele a quem prestamos contas (1989: 123-124)? Qual é a exigência da sociedade em que impera a entrevista?

Primeiro, para que as entrevistas funcionem devemos pensar em nós mesmos como indivíduos distintos com experiências pessoais e meta. Essa emergência do eu como um objeto próprio de narração pode ser um fenômeno relativamente moderno. Em sociedades feudais, ou aristocráticas, as pessoas eram identificadas em primeiro lugar de acordo com a coletividade da qual faziam parte (p. ex., camponeses, aristocratas, etc.).

Em segundo lugar, a entrevista exige sujeitos que se disponham de bom grado a confessar seus mais profundos pensamentos e emoções ao profissional certo. Hoje o profissional que recebe tais confissões não é mais o padre, mas, principalmente, um terapeuta ou entrevistador a serviço da mídia.

Em terceiro lugar, a sociedade da entrevista requer tecnologias e mitos das comunicações de massa que dão um novo giro às indubitavelmente perenes polaridades do público e do privado; da rotina e do sensacional. A julgar pelos compungidos familiares que regularmente aparecem nas telas de nossas TVs, semelhantes tecnologias e mitos geram sujeitos que se sentem não apenas felizes em confessar, mas que parecem sentir que suas emoções outrora privadas tornam-se de alguma forma validadas quando reveladas a um entrevistador dos meios de comunicação de massa.

Se reconhecemos o impacto dessas mudanças históricas e culturais, torna-se difícil continuar a apresentar situações em que os pesquisadores qualitativos fazem uso da entrevista como um recurso incontestado para mergulhar nas "experiências" das pessoas. Como Gubrium observou com seus farmacêuticos, quando as pessoas "se confessam" a eles, os pesquisadores deveriam deixar de lado apelos ao "imediatismo" e à "autenticidade" de seus dados. Em vez disso, deveriam tratar daquilo que ouvem como sendo simplesmente uma narrativa ou relato contingente e examinar os recursos culturais que os falantes habilmente demonstram.

Tentei ilustrar até aqui as complexidades presentes quando nós, como pesquisadores, tentamos "captar o ponto de vista dos indivíduos". Permitam agora que me volte à outra margem dos dois temas de Denzin e Lincoln: o apelo dos pesquisadores qualitativos às "sensibilidades pós-modernas".

Um mundo pós-moderno?

Fica difícil negar que, comparados com nossos avós, vivemos hoje em culturas que são muito mais fragmentadas e deslocadas. Em um mundo como esse, não existe mais qualquer progresso, apenas oscilação. Como Kundera nos esclarece:

> A palavra *mudança*, tão cara à nossa velha Europa, ganhou um novo significado: ela deixou de significar um *novo estágio de desenvolvimento coerente* (como era entendida por Vico, Hegel ou Marx), passando a ser *a troca de lados*, da frente pra trás, da traseira para a esquerda, da esquerda para a frente (da maneira como entendida por *designers* bolando a moda para a próxima estação). (1989: 129)

E assim, diz-nos Kundera, no mundo (pós-)moderno, o conceito de Karl Marx das ideias dominantes ("ideologia") foi substituído pela *imagologia*, em que narrativas mestras são substituídas por pastiches (p. 127). Nesse contexto, a ária operática *Nessun Dorma*, de Puccini, torna-se permanentemente vinculada à Copa do Mundo de Futebol. E Michael Jackson substitui Lenin em Bucareste:

> Uma imagem de Michael Jackson domina atualmente um pedestal outrora ocupado por uma estátua de Lenin em Bucareste, para anunciar a primeira apresentação do astro na Romênia. (Legenda de uma foto em *The Times*, edição de 3 de outubro de 1992)

O poder da imagologia foi simbolizado depois da queda do comunismo no Ano Novo de 1992, quando a única bandeira vermelha em Moscou foi localizada pela Rádio BBC na parte externa de um McDonald's! Tudo isso parece sustentar a visão de Paul, um personagem do livro de Kundera, que prevê:

> As coisas perderão noventa por cento de seu significado e com isso se tornarão mais leves. Em um ambiente assim tão sem peso, o fanatismo irá desaparecer. A guerra se tornará impossível. (1989: 135)

As previsões de Paul parecem a Nova Ordem Mundial pós-soviética, ou aquilo que Francis Fukuyama chamou de "o fim da história". Nessa nova ordem mundial, ironia, resistência e subversão já foram incorporadas pela imagologia. Pense em um filme de David Lynch ou no desenho animado dos Simpsons. Ou imagine o jogo de imagens da propaganda moderna.

Por exemplo, na época do colapso do império soviético, em 1992, a companhia britânica Vodafone publicou um anúncio tendo como chamada principal "A Revolução do Telefone Móvel". Nele, uma mulher usava algo parecido com um uniforme do Exército Vermelho. Ela mostrava uma postura revolucionária. No texto que acompanhava a propaganda, as palavras "outubro" e "revolução" são ligadas a produtos da Vodafone.

Kundera nos lembra que vivemos em um mundo *pós-moderno* no qual a identidade fica reduzida a um jogo de imagens. Nessa mudança, o apelo romântico a um ser estável é confuso:

> É ingenuidade acreditar que nossa imagem seja apenas uma ilusão que esconda nossa intimidade, como a única verdadeira essência independente dos olhos do mundo. Os imagologistas revelaram com radicalismo cínico que o reverso é verdadeiro: nosso interior é mera ilusão, inatingível, indescritível, nevoento, enquanto a única realidade, atingida e descrita com facilidade exagerada, é nossa imagem aos olhos dos outros. E a pior coisa a respeito disso é que não somos mais seus senhores. (1989: 143)

Se entendermos o que Kundera afirma pelo seu valor de face, o reconhecimento pós-modernista de que "nosso ser não passa de uma ilusão" acabou por inteiro com a busca essencialmente romântica da "experiência interior". Contudo, existem algumas razões para colocar em dúvida pelo menos parte do diagnóstico de Kundera.

Em primeiro lugar, quantas pessoas comuns sentem que seu ser não passa, como Kundera sustenta, de "mera ilusão"? Por acaso nós mesmos não nos aferramos a nosso sentimento de "identidade"? E a sociedade da entrevista não vive em permanente transação com essa suposição?

Em segundo lugar, os argumentos pós-modernistas a respeito da instabilidade do ser parecem um tanto estranhos quando examinamos as histórias que as pessoas do presente contam a seu próprio respeito. Das trágicas narrativas de membros de famílias enlutadas aos farmacêuticos drogados de Gubrium, vemos pessoas com um claro sentido de suas identidades usando formatos narrativos perfeitamente estáveis (desde a "vítima heroica" até a "rubrica de recuperação" dos grupos de autoajuda).

Tudo isso indica que nosso mundo pós-moderno incorporou, em vez de repelir, os temas românticos que provavelmente se originaram no século XIX. Isso revela que a cultura contemporânea abriga temas tanto românticos quanto pós-modernos. E, no entanto, quer isso dizer que a pesquisa qualitativa deve modelar semelhante mundo?

Pesquisa pós-moderna?

Aquilo que Denzin e Lincoln chamam de "sensibilidades pós-modernas" passou a ser, em determinados redutos, identificado com pesquisa radicalmente inovadora. A julgar pelas proclamações dos ensaios apresentados em muitas conferências recentes, a "pesquisa qualitativa" compreende atualmente abordagens pós-modernistas do tipo "performance etnográfica", "etnodrama" e poesia.

Ainda que os primeiros dois tópicos acima citados possam parecer extremamente opacos para a maioria dos leitores, nós todos imaginamos saber o que é poesia e por isso poderemos passar a pensar por que ela agora aparece em conferências preocupadas com a pesquisa qualitativa. O exemplo a seguir pode ser de alguma ajuda. Trata-se de um abstrato de um artigo intitulado "O poema da pesquisa na ação social internacional: Inovações em metodologia qualitativa".

Poesia enquanto pesquisa qualitativa

Os pesquisadores pós-modernos reconheceram o valor de estudar a experiência vivenciada, subjetiva, de indivíduos e grupos. Menos preocupados com generalizabilidade, esses autores são, antes disso, interessados em "generalizabilidade metafórica", o grau em que os dados qualitativos penetram a essência da experiência humana e se revelam por inteiro a um público militante. O objetivo da geração e da apresentação desse tipo de dados é inspirar uma reação empática, emocional, para que o consumidor de pesquisa possa desenvolver um entendimento pessoal e profundo do "sujeito" dos dados. (Furman et al., 2006: 1)

Esse abstrato constitui uma maravilhosa mistura da verborragia pós-moderna (o que, por exemplo, vem a ser "generalizabilidade metafórica"?) combinada com um apelo à totalidade da escala de conceitos românticos, inclusive "empatia", "emoção" e "entendimento pessoal e profundo". O raciocínio que dá sustentação a tudo isso é muito bem captado na proclamação dos autores, segundo a qual:

> ... dados qualitativos tradicionais, como entrevistas em profundidade ou relatórios etnográficos... são seguidamente impessoais ou profundos demais para serem facilmente consumidos, e muitas vezes deixam os leitores estupefatos ou paralisados. [Em vez disso] nós exploramos as utilizações da poesia e estruturas e formas poéticas como ferramentas valiosas de pesquisa qualitativa social. Com base em práticas de pesquisa de artes expressivas e de métodos qualitativos mais tradicionais, o poema da pesquisa pode apresentar *insights* evocativos, pode-

rosos, capazes de ensinar-nos muito sobre a experiência vivenciada de clientes de serviços sociais. (Furman et al., 2006: 1)

Em uma semelhante busca romântica da "experiência vivenciada", torna-se aceitável abandonar métodos-padrão de pesquisa qualitativa (agora chamados de "tradicionais"), que aparentemente deixam os leitores "estupefatos ou paralisados". Furman e seus colaboradores agora inventam algo que chamam de "poema da pesquisa", um conceito que me deixou tão perplexos quando sua ideia da "generalizabilidade metafórica".

À medida que a pesquisa qualitativa vai se definindo cada vez menos em termos de "ciência" e cada vez mais em termos de performance "artística", drama e poesia passaram a ser ferramentas aceitáveis de pesquisa – como exemplificado no resumo do artigo publicado em um jornal especializado a seguir.

Dramatizando histórias de mulheres

Este artigo foca metodologias renovadas para a pesquisa social a fim de explorar e reapresentar a complexidade das relações vivenciadas na sociedade contemporânea. Metodologias renovadas podem transgredir meios convencionais ou tradicionais de analisar e representar dados de pesquisa. Este artigo combina teoria sociocultural; experiência (histórias da vida); e prática (exposição/performance) definidas como etnomímeses para explorar e melhor entender temas fundamentais e questões derivadas de trabalho etnográfico com mulheres prostituídas. Ao focar trabalho de história de vida com mulheres trabalhando como prostitutas e ao experimentar as histórias das mulheres representadas através de arte viva temos condições de ampliar nosso entendimento da complexidade do sexo, sexualidades, desejo, violência, masculinidades e a relevância do corpo. (O'Neill, 2002: 69)

Como bem pode testemunhar qualquer pessoa que já tenha ido alguma vez ao teatro, o que O'Neill chama de "arte viva" certamente é capaz de nos fascinar e prender a atenção. Contudo, quando concebida como "pesquisa", a "arte viva" tem um problema, já que os conceitos de "verdade" e até mesmo de "exatidão" assumem um significado muito diferente na arte em comparação com a pesquisa. Assim, a "etnomímese" (ou "etnodrama", como é frequentemente chamada) pode ser artisticamente fascinante, mas nunca deixará de ser factualmente inexata.

Vejamos a próxima crítica de outro etnodrama, desta vez a respeito de uso de drogas ilegais. O crítico Mercer Sullivan encontra algum mérito no trabalho, mas agrega o comentário a seguir:

> Escrevo na condição de etnógrafo profissional que conduziu estudos diretos com traficantes e usuários de drogas em Nova York no começo e meados da década de 1980, até o desencadeamento da epidemia do *crack*. Desde então, tenho estudado outros aspectos da vida urbana, todos eles influenciados pelo *crack*, e tenho trabalhado com outros etnógrafos que estudaram usuários e traficantes de *crack*. [Apesar dos méritos do artigo]... existem variadas inexatidões; um problema ainda mais sério é que a imagem projetada pelo etnodrama é amarrada a um determinado tipo de narrador e de lugar, sem qualquer reconhecimento desse fato. As inexatidões se referem à farmacologia e à história da cocaína tragável. (Sullivan, 1993)

Escrevendo então como um etnógrafo que fez pesquisas sobre o uso de drogas, Sullivan apresenta duas críticas cruciais ao artigo. Em primeiro lugar, ele constata a existência de simples erros factuais. Em segundo lugar, destaca que os narradores representados em um etnograma só podem contar-nos parte da história.

Isso não é surpreendente. Poesia e "etnodrama" habitam um mundo muito diferente daqueles (inclusive o da pesquisa científica, bem como o dos tribunais de justiça) cuja função é apresentar casos comprováveis, e onde, por consequência, alguma versão de "provas" sempre se precisa ter. Desde que se esteja disposto a deixar de lado a consistência das provas, acaba valendo tudo (inclusive poesia e etnodrama).

O problema que isso gera foi bem estabelecido por Alain Sokal e Jean Bricmont, em sua definição do pós-modernismo como sendo:

> Uma corrente intelectual caracterizada pela rejeição mais ou menos explícita da tradição racional do Iluminismo, por discursos teóricos desconectados de qualquer teste empírico (e) um relativismo cognitivo e cultural que considera a ciência nada mais do que uma "narrativa", um "mito", ou uma elaboração social, entre muitas outras definições semelhantes. (1997: 1)

O livro de Sokal e Bricmont teve sua origem em uma refinada piada baseada em uma paródia de artigo que Sokal apresentou a uma revista acadêmica – *Social Text* – para publicação. O ensaio tinha um título todo empolado: "Transgredindo as fronteiras: Rumo a uma hermenêutica transformadora do *quantum* da gravidade". Foi visto, revisado, aprovado e publicado em uma edição especial dedicada a rebater as críticas levantadas contra o pós-modernismo. No extrato a seguir eles descrevem o que o artigo dizia:

Uma paródia pós-moderna

O artigo "é recheado de absurdas e clamorosas inferências... Além disso, avaliza uma forma radical de relativismo cognitivo: depois de ridicularizar o superado "dogma" segundo o qual "há um mundo exterior cujas propriedades são independentes de qualquer ser humano e, na verdade, da humanidade como um todo", proclama categoricamente que a "realidade física", não menos que a "realidade social", é, no fundo, uma elaboração social e linguística. (Sokal e Bricmont: 1997, 1-2)

Como Sokal e Bricmont deixam claro, ao inadvertidamente publicar essa paródia, os editores da revista especializada encontraram uma maneira espetacular de dar um tiro no próprio pé. Um resenhista do livro comentou:

> Este livro será um purgatório para todos aqueles oprimidos pela sociologia pseudocientífica ou pelo escárnio da *avantgarde* francesa. Ainda por cima proporciona um interessante *insight* sobre as noções malucas que pessoas aparentemente inteligentes muitas vezes podem sustentar.
>
> Analisemos este exemplo de Irigay (feminista pós-moderna): "Será $e=mc^2$ uma equação sexista? Permitam-me apresentar a hipótese de que o tenha, na medida em que privilegia a velocidade da luz em relação a outras velocidades que nos são vitalmente necessárias". Existe, é claro, uma hipótese alternativa: a de que Irigay não tenha a menor ideia daquilo que está tentando dizer. (Max Wilkinson, *Financial Times Weekend*, 18/19 de julho de 1998)

Esse episódio ilustra a maneira pela qual a autoproclamada "pesquisa pós-moderna" consegue voluntariamente perder contato com afirmações baseadas em evidência e formuladas em linguagem propositiva. Fantasiada em uma verborragia ilusoriamente teórica, ela não apenas defende que "tudo vale" como na verdade prefere "etnodrama, história (e) poesia" a formulações claras e refutáveis a respeito das constatações das pesquisas.

Nesse aspecto, o pós-modernismo acadêmico ostenta assustadoras semelhanças com a maneira pela qual políticos arrogantes acreditam que podem negar a realidade mediante a criação de seus próprios "fatos". Em uma discussão sobre a tentativa de Donald Rumsfeld (ex-Ministro da Defesa de George W. Bush) de redefinir o que aconteceu no Iraque desde a invasão norte-americana, o jornalista Oliver Burkeman saiu-se com um intrigante exemplo dessa criação de fatos. Ele escreve:

> Em 2004, um funcionário não identificado da Casa Branca disse ao jornalista Ron Suskind, com grande desprezo, que críticos como o próprio Suskind habitavam a "comunidade baseada na realidade... Somos hoje um império, e quando agimos, criamos nossa própria realidade". (*The Guardian*, 10 de novembro de 2006)

No entanto, só pelo fato de vivermos naquele que é, em política e em outros domínios, um mundo pós-moderno, isso não significa que todos os nossos esforços devam, consciente ou inconscientemente, transferir-se para seus temas de deslocamento e descentralização. No mundo acadêmico, sempre que ignoramos a realidade e ativamente incentivamos trabalhos experimentais e autorreferenciáveis, acabamos por reduzir toda a literatura (literária e científica) a solipsismo. Como Hunter-Tilney já observara, essas tendências sugerem:

> ... a alarmante possibilidade de que a única experiência (que o escritor) terá para escrever a respeito será aquela constante de seus escritos... um estado final de puro solipsismo: inteiramente autorreferente, nada nessa obra será real a não ser o escritor e suas palavras. (*Financial Times*, 2003)

O conto "Investigações de um Cão", de Franz Kafka (publicado em *Metamorfose e Outras Histórias,* 1961), cria uma maravilhosa imagem de "cães alados" (*Lufthunde*) que, como os intelectuais pós-modernos que Sokal e Bricmont satirizam, tratam exclusivamente deles mesmos. Contudo, na história de Kafka, isso é uma transcendência literária – seus cães alados flutuam em colchões acima da superfície terrestre, examinando o mundo lá do alto, mas sempre sem qualquer contato com ele. Na verdade, eles são tão alienados que o narrador canino de Kafka fica a imaginar como será que eles fazem para se reproduzir!

Os cães alados de Kafka, como bons "cascateiros", esforçam-se para fazer grandes proclamações mas terminam falando sempre deles mesmos. No entanto, até aqui venho simplesmente dando ilustrações do que é *Bullshit* – ou blá-blá-blá. Sem levar a metáfora longe demais, chegou a hora de mergulhar mais fundo na própria matéria fecal. Assim fazendo, vou me basear em um maravilhoso livro do filósofo norte-americano Harry G. Frankfurt (2005). Este livro chamava-se simplesmente *On Bullshit*, e foi a inspiração do presente capítulo.

Sobre *Bullshit*

Frankfurt começa seu curto livro observando que "um dos principais aspectos de nossa cultura é o fato de ser capaz de conter tanto blá-blá-blá" (2005: 1). Destaca que os domínios da propaganda e das relações públicas, e o atualmente muito próximo reinado da política, estão repletos de instâncias de blá-blá-blá.

Pense uma vez mais sobre a definição da princesa Diana, pelo então primeiro-ministro Tony Blair, como "a princesa do povo". Nem precisamos sugerir que o próprio Blair não acreditava naquilo que dizia. Segundo Frankfurt: "O cascateiro pode não iludir, nem mesmo ser essa sua pretensão, seja sobre os fatos ou sobre aquilo que entende como tais" (2005: 55). Por que, então, a imagem de Blair deve ser considerada blá-blá-blá? A ilusão está no coração da matéria. O cascateiro "tenta iludir-nos a respeito de sua pretensão... ele disfarça aquilo que está querendo atingir" (p. 54). Ao contrário do mentiroso, que tenta fazer-nos crer em algo que sabe ser falso, o cascateiro esconde algo diferente. Na definição de Frankfurt:

> O fato que o cascateiro esconde a respeito dele próprio... é que o valor verdade de suas afirmações não ocupa o centro de seus interesses... o motivo orientando e controlando [seu discurso] não tem nada a ver com quão realmente verdadeiras são as coi-

sas de que ele fala... Ele não se preocupa em saber se as coisas que diz descrevem corretamente a realidade. Ele simplesmente as apanha, ou as inventa, para que sirvam a seus propósitos". (2005: 55-56)

Como já vimos, no mundo (pós-)moderno, muitos campos de empreendimento dependem de uma indiferença como essa à verdade. Por exemplo, Benson e Stangroom especificam nesses grupos: propaganda, RP, moda, *lobby*, *marketing* e entretenimento. E destacam:

> ... existem dois setores imensos, bem pagos e de elevado *status* da economia em que o ceticismo em relação à verdade, o *wishful thinking*, a fantasia, a suspensão da descrença, a eliminação das fronteiras entre sonhos e realidade, não apenas não constituem obstáculo, como, pelo contrário, são um elemento essencial para o empreendimento. Grande parte do capitalismo fundamenta-se em vender ilusões e fantasias, e boa parte da indústria do entretenimento estaria perdida sem esses componentes. (2006: 164)

A questão é: cabe à pesquisa qualitativa alegremente vender semelhantes "ilusões e fantasias"? Pense outra vez no artigo publicado pela *Social Text*. Sokal e Bricmont tinham indubitavelmente produzido uma peça do mais puro blá-blá-blá. Sem a menor preocupação com a verdade, eles simplesmente escolheram frases e fizeram com que se adaptassem a seu objetivo. Mais importante, em relação a meus atuais objetivos, os editores daquela revista especializada publicaram o artigo sem, aparentemente, conferir se aquelas declarações correspondiam à verdade. O artigo servia a seus objetivos (pós-modernos) e simplesmente por isso eles o publicaram. Na definição de Frankfurt, foi o típico blá-blá-blá...

No entanto, Frankfurt vai mais longe no diagnóstico do problema. Ele pretende ajudar-nos a entender suas raízes históricas e culturais. Como ele pergunta: "Por que é mesmo que existe tanto blá-blá-blá?" (2005;62). E destaca que este é inevitável quando as pessoas se veem pressionadas a conversar sobre assuntos dos quais seu conhecimento é mínimo. Pense na Sociedade da Entrevista que eu mencionei. A mídia radiotelevisada e várias organizações de pesquisas rotineiramente usam entrevistas com pessoas comuns para dar contexto àquilo que o jornalismo da TV chama de *vox pop* (a voz do povo) a respeito de praticamente todo e qualquer assunto. Na definição de Frankfurt, a cultura contemporânea exibe "a convicção disseminada de que é obrigação do cidadão, em uma democracia, ter opinião sobre tudo" (2005: 63-64).

O problema é que o blá-blá-blá se expande muito além dos limites da cultura popular. Na verdade, Frankfurt argumenta que os intelectuais têm sido cúmplices desse processo.

O incidente de Sokal e Bricmont revela a maneira pela qual o valor verdade das declarações parece ter deixado de constituir uma preocupação para os editores de publicações especializadas. O que sustenta essa posição é um esquema pós-moderno de pensamento que gerou: "várias formas de ceticismo que negam que possamos ter qualquer acesso confiável a uma realidade objetiva, e que por isso mesmo rejeita a possibilidade de chegar a conhecer o real estado das coisas" (Frankfurt, 2005: 64). Semelhantes doutrinas "antirrealistas" acabam "minando a confiança no valor de esforços imparciais no sentido de determinar o que é verdadeiro e o que é falso, e mesmo na inteligibilidade da notação da inquirição objetiva" (2005: 65).

A definição de Frankfurt de uma crise de confiança na "inquirição objetiva" é evidente quando retornamos a minha discussão anterior sobre a equação da poesia e do etnodrama com a pesquisa qualitativa. Ainda que cada uma dessas tradições possa ter fins válidos, muitos de seus proponentes parecem, quando muito, ambíguos a respeito daquilo que Frankfurt denomina de "o valor dos esforços imparciais para determinar o que é verdadeiro e o que é falso".

Mais ainda, como a "inquirição objetiva" deixou de ser o nome do jogo (pós-moderno), disso decorre que "vale tudo" tornou-se o *motto* para a forma pela qual comunicamos. Não queremos mais ensaios sóbrios que caibam na roupagem de uma agora desacreditada "ciência". Em vez disso, etnodrama e poesia passam a ser valorizados porque "inspiram uma reação empática, emocional", ao contrário de abordagens mais tradicionais que deixam supostamente os leitores "estupefatos e paralisados" (Furman Lietz et al., 2006: 1).

Assim, ideias padronizadas sobre como raciocinamos estão sendo repensadas e substituídas por algo que seus proponentes chamam de "pensamento radical". Na era daquilo que Benson e Stangroom chamam de "relativismo epistêmico":

> A ideia subjacente no processo de repensar é de que o pensamento radical consegue chegar a todas as partes e desafiar qualquer coisa: que o repensar é inerente e necessariamente político, não factual ou técnico; que é uma questão de moral, de valor, de justiça, em vez de uma questão de estatísticas; de conveniência, em lugar de realidade. Isso implica ao mesmo tempo que todos e qualquer um se qualificam para engajar-se no processo, e que ninguém está qualificado para contrariar os *insights* a partir de experiência ou conhecimento técnico. (2006: 45)

Essa versão liga os acadêmicos pós-modernos ao tipo de ação política blairiana (de Tony Blair) baseada nas "percepções das pessoas" que discuti anteriormente neste capítulo. Essas modas pós-modernas no mundo acadêmico podem parecer um avanço em relação a métodos antiquados. Em minha percepção, no entanto, elas representam na verdade um retrocesso. Apresentar nosso trabalho como poesia envolve:

> Um recuo da disciplina necessária por uma dedicação ao ideal da *correção* para uma espécie muito diferente de disciplina que é imposta pela busca de um ideal alternativo de *sinceridade*. Em vez de buscar principalmente chegar a representações acuradas de um mundo comum, o indivíduo se volta para tentar proporcionar representações honestas de si próprio. (Frankfurt, 2005: 65)

Nada tenho, em princípio, contra essas formas de autoexpressão. Existem inúmeros exemplos de, por exemplo, poesia e mesmo *cartoons* usados como poderosas críticas de instituições políticas. Pense, porém, sobre o que virá a seguir se a poesia ou os *cartoons* se tornarem mais importantes do que a linguagem propositiva do discurso científico. Aonde isso irá levar os pesquisadores que lutam pela representação honesta de seus dados? Tão sério quanto, aonde isso coloca a posição de nossos escritos aos olhos do público? Quem irá se dispor a financiar pesquisas ou a implementar constatações de pesquisas se passarmos a nos comunicar via etnodrama ou poesia?

Mais ainda, o apelo à "sinceridade" naquilo que escrevemos é, em última instância, mal situado. Uma vez mais, Frankfurt resolve a questão:

> ... não há nada na teoria, e certamente nada na experiência, para dar suporte ao extraordinário julgamento que... a verdade a nosso próprio respeito... é a que mais facilmente a pessoa pode conhecer. Nossas naturezas são ilusoriamente insubstanciais – notoriamente menos estáveis e menos inerentes do que as naturezas de outras coisas. E, na medida em que é esta a questão, *sinceridade é blá-blá-blá.* (2005: 67, grifo meu)

Seguindo Frankfurt, o experimentalismo narrativo, às vezes incluindo a poesia, que crescentemente povoa algumas publicações acadêmicas é, falando honestamente, puro blá-blá-blá. Mas, qual é a alternativa a esse blá-blá-blá?

Chegou a hora de por todas as cartas na mesa. O leitor não se surpreenderá ao verificar que divirjo dos pós-modernistas em meu sentido de "inquisição crítica". Para eles, ser "crítico" envolve derrubar cada padrão que possa ter comandado a arte de inquirir desde que o Iluminismo buscou substituir o pensamento obscuro baseado na fé no século XVIII. Para mim, ser "crítico" é simplesmente dar o melhor de si para separar "fato" de "ilusão" e escrever da forma mais clara possível para permitir que os leitores possam pesar adequadamente seus argumentos.

Trata-se de um programa por demais "tradicional" no sentido de que se nutre do saber comum de grande parte do pensamento científico ocidental no século XX. Tentemos examinar mais de perto o que isso envolve.

Uma agenda contra o blá-blá-blá para a pesquisa qualitativa

Nesta seção do capítulo, pretendo alinhar resumidamente alguns padrões que os pesquisadores de ciências sociais possam almejar. Eu me refiro a "aspirações" porque não estou proclamando que qualquer parte da pesquisa possa ser diretamente "determinadada" por princípio algum. Em vez disso, lidamos aqui com questões que os pesquisadores qualitativos podem conservar no fundo da mente e que os leitores de seus trabalhos podem usar para julgá-los.

Nada disso é revolucionário. Na verdade, no clima intelectual do presente, pode até ser taxado de contrarrevolucionário. Isso porque as ideias e os ideais a seguir esboçados estão, em sua maior parte, presentes no mundo há séculos.

Clareza Mais para o começo deste capítulo, encontramos uma estudante de arquitetura que imaginou ter de ornamentar seu projeto de pesquisa com linguagem teórica cheia de ostentação. Em oposição a esta Síndrome da Cauda do Pavão, sugiro que as preferências individuais, sempre que possível, sejam em benefício de linguagem direta, clara.

O filósofo da ciência Karl Popper, de meados do século XX, era um grande proponente dessa visão e, consequentemente, o carrasco da literatura à base de jargão. Mesmo em sua época, quando o pós-modernismo mal tinha sido concebido, Popper reconheceu que a sua não era uma tarefa muito fácil. Como ele destacou:

> A pessoa precisa treinar constantemente para escrever e falar em linguagem clara e simples. Cada pensamento deve ser formulado da maneira mais clara e simples possível. E a isso só se chega com muito trabalho. (Karl Popper, 1976a: 292)

Razão Tendo em vista a crítica radical das conquistas do método científico feita pelos pós-modernistas, precisamos lembrar-nos constantemente de um fato muito simples. Como Popper argumentou, a ciência não trata de princípios irreais, rígidos. Nem desaprova a ausência de ortodoxia. Em vez disso, ela simplesmente exige que, à medida que você examina seus dados, faça todo o esforço imaginável para ser autocrítico, cuidadoso e evite precipitar-se em conclusões. Em resumo, é preciso tentar ser "razoável". Nesse sentido, como destacam Sokal e Bricmont:

> ... o método científico não é radicalmente diferente da atitude racional do dia-a-dia... Historiadores, detetives e encanadores... usam os mesmos métodos básicos de indução, dedução e avaliação de evidências. (1998: 54)

Economia Este parece um padrão estranho para a pesquisa qualitativa. Comumente, podemos localizar esse termo no âmbito da ciência econômica – uma ciência social notavelmente "dura", quantitativa. Contudo, aqui estou usando o termo como na frase "economia de esforços", significando não mais do que o necessário.

Falar de "economia" em tal sentido significa que deveríamos apropriadamente esperar que nossas contas e explicações façam uso do mínimo de ferramentas conceituais. Assim, se um conceito ou teoria for suficiente, não deveríamos usar mais do que isso. Esse meio de evitar a Síndrome da Cauda do Pavão foi proposto há séculos no princípio conhecido como Navalha de Occam. Isso significa que devemos fatiar nossas explicações cada vez mais, até que elas fiquem reduzidas ao mínimo necessário para dar sentido a nossos dados.

Beleza "Beleza" pode parecer um ideal estético estranho em um capítulo que valoriza o método científico. No entanto, como os físicos teóricos nos contam, acontece que as narrativas mais duradouras do universo são não apenas relativamente simples mas também esteticamente agradáveis.

Não é inapropriado fazer perguntas semelhantes a respeito de relatos científicos em nosso próprio campo. Por exemplo, há beleza nesse relato? Ele resolve disputas pelo realinhamento das peças existentes de uma maneira agradável ou pela apresentação de uma nova peça que acaba revelando uma ordem previamente invisível?

Verdade Uma preocupação com o padrão estético da "beleza" em nossos relatórios poderia parecer algo destinado a colocar-nos de volta entre os pós-modernistas. No entanto, como um dos mais citados textos da antropologia pós-moderna argumenta:

> ... reconhecer as dimensões poéticas da etnografia não requer que alguém abra mão dos fatos e de sua acurada narrativa em favor da arte supostamente livre da poesia. (Clifford e Marcus, 1986: 26)

Como Clifford e Marcus reconhecem, uma preocupação com a beleza em nossos relatórios jamais deve "desistir" dos "fatos".

Cerca de meio século atrás, o filósofo das ciências Michael Polyani definiu a questão nestes termos:

> Nenhuma teoria científica é maravilhosa se é falsa, e nenhuma invenção é verdadeiramente engenhosa se impraticável... Os padrões de valor científico e da engenhosidade inventiva precisam ser sempre alcançados. (1964: 195)

O que Polyani chama de "padrões de valor científico" também significa que, embora precisemos de teorias e conceitos para estimular nossos entendimentos, os fatos precisam continuar sendo supremos. O etnógrafo Howard Becker usa o exemplo do Censo dos EUA para destacar este ponto:

> Reconhecendo a formatação conceitual de nossas percepções, ainda assim é verdadeiro que nem todos os nossos conceitos nos permitiriam realmente ver as oscilações... Se afirmássemos que a população dos Estados Unidos, contada da forma como o Censo a conta (p. ex., excluindo categorias como os gêneros transsexuais), consiste em 50% de homens e 50% de mulheres, o relatório do Censo poderia certamente nos mostrar que a história está errada. Não aceitamos histórias que não tenham sido geradas por fatos que estão a nosso alcance. (1998: 18)

Usando uma linguagem extremamente simples, Ophelia Benson e Jeremy Stangroom abordam o ponto de Becker a respeito da diferença entre "histórias" e fatos:

> É uma espécie de fraude estabelecer-se como um intelectual – como alguém que trabalha com pesquisa – e ao mesmo tempo descrer da existência ou consistência da verdade. Esse pensamento deveria aplicar-se a qualquer dos ramos da inquirição. Pois isso é simplesmente parte da descrição do trabalho, e uma parte muito importante disso. Os detetives e cientistas forenses devem coletar evidências a fim de descobrir os verdadeiros autores dos crimes, e não os falsos. Ninguém lhes determina que fabriquem evidências, nem que as escondam, manipulem ou descartem. O mesmo é verdade em relação a qualquer outro tipo de inquirição. Misturar as coisas, proporcionar respostas falsas, incorretas, inexatas a quaisquer perguntas não é cer-

tamente o objetivo. Assim, pessoas com uma descrença programática, ou quem sabe temperamental, na possibilidade da verdade, por mínima que for, nada têm a fazer em qualquer dos ramos da inquirição ou da pedagogia. (2006: 164)

Como sugerem Benson e Stangroom, se você nutrir uma (pós-moderna) "descrença na mínima possibilidade da verdade", existem inúmeros outros campos no mundo contemporâneo em que o blá-blá-blá (isto é, a indiferença em relação à verdade) não constitui desvantagem. Basta pensar nos exemplos anteriores que vimos derivados da política e de certos tipos de jornalismo.

Uma vez mais, a questão é: nosso posicionamento em pesquisa deve simplesmente imitar tendências na cultura contemporânea? Ou, pelo contrário, deve analisar com sentido crítico essas tendências e, sempre que apropriado, assumir um posicionamento bem embasado contra elas?

Agora chega de blá-blá-blá. E quanto às amígdalas do título do capítulo?

Analisemos o exemplo que tenho em mente. É discutido por Harry Frankfurt e usa um caso de amigdalite para mostrar até que ponto uma preocupação com a razão pode levar você (e também como, até mesmo, essa preocupação pode, em determinados contextos, ultrapassar os limites do bom senso).

Responsabilidade e verdade: as amígdalas de Fania Pascal

Na história a seguir, Fania Pascal relembra um perturbador incidente envolvendo um amigo dela, o filósofo Ludwig Wittgenstein:

> Eu tivera minhas amígdalas extraídas e estava no hospital, sentindo pena de mim mesma. Wittgenstein me visitou. Eu resmunguei: "Sinto-me como um cão atropelado". Ele não escondeu seu desgosto: "Você não sabe como se sente um cão atropelado". (1984: 28)

Parece claro que Wittgenstein não gostou nada do uso, por Fania Pascal, de uma metáfora inapropriada para aquilo que sentia. Na definição de Frankfurt:

... até onde Wittgenstein pôde ver, Fania Pascal oferece uma descrição de um determinado estado de coisas sem se submeter genuinamente às restrições que um esforço para proporcionar uma representação acurada da realidade impõe. O problema dela não foi o fato de não expor a situação de maneira adequada, mas sim o fato de sequer tentar fazer isso...

É exatamente essa ausência de conexão com uma preocupação com a verdade – essa indiferença em relação àquilo que realmente existe – que considero como sendo a essência do blá-blá-blá. (2005: 32-34)

Seria, porém, o caso das amígdalas de Fania Pascal um exemplo apropriado do blá-blá-blá com que Frankfurt argumenta? Não penso assim.

O que Frankfurt está dizendo implicaria que qualquer uso de metáforas na comunicação rotineira deva ser evitado. Como vim até aqui argumentando, certamente faz sentido ser cauteloso em relação ao uso de uma linguagem muito floreada em ciências. Contudo, na vida diária, a demanda de descrições "econômicas" simplesmente não funcionaria. Como Harvey Sacks demonstrou, quando interagimos uns com os outros, usamos formatos como provérbios e metáforas a fim de produzir determinados efeitos desejados. Assim, por exemplo, pode ser altamente eficiente dizer a seu parceiro ou parceira, quando se começa a sentir cansado demais em um compromisso social noite adentro, "estou me transformando numa abóbora") (invocando a história da Cinderela). A pessoa que não tiver as habilidades para usar tais metáforas (ou para reconhecer sua importância) pode acabar sendo descrita como "autista".

Assim, chamar a observação de Fania Pascal de "blá-blá-blá" acaba se revelando um "erro de categoria" que, no próprio sentido de Wittgenstein, confunde o "jogo da linguagem" da "ciência" com aquele da vida rotineira. Isso significa que deveríamos ter o maior cuidado com relação a sair por aí espalhando a acusação de "blá-blá-blá". Como o exemplo das amígdalas bem demonstra, a razão científica não pode se estender a todas as partes sem ameaçar as amenidades da vida diária. Por isso, "cautela" deveria ser a nossa senha.

Observações finais

Concluo com um movimento "romântico" adorado pelas entrevistas da mídia e por alguns profissionais "psi" e pesquisadores qualitativos – uma "confissão". Aí vai minha confissão: em certo sentido, este capítulo não passa de um blá-blá-blá. Na verdade, o mesmo se aplica a qualquer livro-texto.

Livros-texto de sucesso empregam categorias de fácil acompanhamento e oposições polares. Eles "abrem o caminho" de uma forma agradável. Infelizmente, ainda que possam ajudá-lo a estabelecer seu próprio caminho, você terá de desaprender essas lições em algum ponto de sua carreira.

Isso acontece porque as polaridades que você irá encontrar em livros-texto nunca poderão capturar por inteiro uma realidade multifacetada. Eles poderão constituir valiosos auxílios a imaginações frágeis, mas não muito mais do que isso. E nem sempre o lado da polaridade é o "lado certo" para você. No final das contas, tudo irá depender daquilo que você estiver tentando realizar com seu projeto de pesquisa.

Por isso, este capítulo constitui um "blá-blá-blá" no sentido de que trabalha com polaridades que eventualmente jamais correspondam às exigências da área. Talvez, como o filósofo pós-moderno Jacques Derrida certa vez sugeriu, uma tática muito útil, que utilizei aqui, é argumentar em favor do lado momentaneamente fora de moda de qualquer oposição polar. Isso não é ser perverso, mas abala a suposição de que qualquer polaridade semelhante possa descrever com propriedade uma realidade tão complexa.

Minha melhor maneira de evitar a possibilidade de me tornar apenas mais um entre tantos vendedores de "óleo de cobra" é pedir a você que seja cauteloso se por acaso estiver persuadido por qualquer coisa que tenha lido aqui. Meu objetivo não terá sido atingido se você simplesmente aceitar qualquer coisa que eu tiver escrito. Em vez disso, me darei por satisfeito se você passar a se sentir um pouco mais consciente das implicações das opções às vezes inconscientes que fizer no rumo de sua pesquisa.

6
Uma Conclusão Rapidíssima

Livros-texto sobre pesquisa qualitativa normalmente pretendem cobrir questões básicas, ou o "feijão com arroz". Discutem as diferenças entre pesquisa quantitativa e qualitativa e sua relevância para problemas específicos de pesquisa. Da mesma forma, mostram ao leitor as várias modalidades de dados com as quais trabalhamos e discutem, de forma básica, como devem ser analisados. Os textos mais básicos também conduzem o leitor através de questões práticas elementares, tais como a melhor maneira de localizar uma população de estudo e como levar a efeito diferentes tipos de entrevistas.

O objetivo deste livro foi oferecer ao leitor algo bem diferente de tudo isso. Procurei proporcionar uma introdução nas questões mais amplas que a maioria dos livros-texto para principiantes tende a deixar de lado. Por exemplo, qual é a lógica subjacente da lógica qualitativa? E quais são os debates fundamentais sobre seu rumo futuro? Assim fazendo, busquei dar ao leitor uma amostra das áreas de discussão que agitam o verdadeiro debate entre os "conhecedores" em nosso campo.

Enquanto o livro-texto tradicional busca incentivar o leitor a "mergulhar" em suas páginas sempre que surgir alguma necessidade, meu objetivo foi escrever um livro que desperte a vontade de ser lido de um fôlego só. Se você fez isso, deve ter notado que ele se baseia em uma discussão continuada. Sempre preguei em favor de estudos de pesquisas que sejam metodologicamente inventivos, empiricamente rigorosos, teoricamente vivos mas que também mantenham em vista sua relevância prática.

Para que se reverta tudo isso a uma forma de linguagem típica de livro-texto, essa argumentação toda pode ser transformada em um conjunto de cinco pontos do que você *deve* e *não deve* fazer, que correspondem aproximadamente à sequência dos capítulos anteriores. Se você pretende realizar pesquisa qualitativa de valor:

Não:

- Trate a vida corriqueira como maçante ou óbvia
- Suponha que as experiências das pessoas são sua fonte mais confiável de dados e que isso sempre signifique que você precisa fazer perguntas a elas
- Pense que um relatório adequado de pesquisa pode basear-se na citação de alguns exemplos que deem sustentação a seu argumento
- Suponha que a pesquisa qualitativa pode oferecer uma resposta direta aos problemas sociais, ou que não há nada de prático a oferecer
- Suponha que sua pesquisa precise de cargas de "teorias" ou que deva acompanhar as mais recentes modas do campo teórico

Sim:

- Trate de ações, cenários e eventos "óbvios" como potencialmente importantes
- Reconheça que conversa, documentos e outros artefatos, junto com a interação, podem proporcionar dados reveladores
- Busque localizar o que precede e acompanha qualquer indício de dado (busque sempre as "sequências")
- Reconheça as capacidades rotineiras de que todos fazemos uso e tente iniciar um diálogo com as pessoas em seu estudo com base no entendimento da maneira pela qual as citadas capacidades funcionam na prática
- Mostre que você entende que é importante desenvolver um argumento com base em uma filtragem crítica de seus dados

Essa listas (e os capítulos anteriores) baseiam-se nas lições que a pesquisa prática me ensinou. Elas trazem à luz um bom número de posicionamentos que estão implícitos em meus livros-texto. E igualmente pretendem, mais diretamente, condensar algumas das estratégias e "truques" (ver Becker, 1998) que consegui captar em meu já prolongado aprendizado da profissão.

Um pensamento final. Em algumas partes deste livro, especialmente nos Capítulos 1 e 5, busquei distanciar meu projeto de certos aspectos da cultura contemporânea. A esse respeito, alguns de vocês podem ter sentido estar aguentando as queixas de um velho ranzinza. Pode ser que exista alguma verdade nessa imagem. Por exemplo, minha esposa está sempre me dizendo que minhas reações ao que eu vejo, leio e ouço são rotineiramente na forma de queixas!

E então, passei esse tempo todo meramente pedindo que compartilhassem dificuldades de um parceiro idoso? Nem tanto. Para explicar essa certeza, preciso apresentar três fatos adicionais.

Em primeiro lugar, embora a tecnologia seja diferente, muitos dos formatos da cultura popular não mudaram com o passar dos séculos. Por exemplo, as pessoas que fizeram questão de assistir a vídeos da execução de Saddam Hussein podem não ser muito diferentes da multidão que comparecia às execuções na Tyburn, na Londres do século XVIII. Em segundo lugar, a cultura política do "blá-blá-blá" e da "manipulação" que discuto no Capítulo 1 sem dúvida tem muitos paralelos históricos, como demonstram as brilhantes caricaturas de Hogarth da Londres georgiana. Em terceiro lugar, e como meu competente editor destacou, "não há nada de exclusivamente 'pós-moderno' na sociedade de hoje; examinando o passado, pode-se constatar que cada era foi, até certo ponto, pós-moderna – e igualmente, como a sociedade atual, não-pós-moderna em outros aspectos" (Patrick Brindle, comunicação pessoal, 2006).

Se aceitamos a validade das afirmações acima, e se você não é "ranzinza", "velho" ou mesmo um homem, qual a relevância de minha crítica cultural? Nesse nível mais básico, tenho sugerido até aqui que (aquilo que chamo de) a boa pesquisa, talvez como a boa arte, em algum sentido precisa ser retirada das suposições tidas como certezas que conformam nossa vida diária. O objetivo não precisa ser criticar o mundo que nos cerca (ainda que possa ser exatamente esse), mas, sim, permitir-nos um novo olhar sobre o modo como vivemos. Se você retornar às fotografias de Michal Chelbin no Capítulo 1, poderá ter um bom resumo do que pretendi dizer acima.

Ao longo deste livro, busquei deixar claro que meus argumentos são assumidamente parciais. Muitos outros acadêmicos resistiriam às respostas que sugiro, e até mesmo rejeitariam a forma como apresentei minhas indagações. Não tenho problemas com isso. Nem, se me permitem, deveriam vocês ter. Atingirei minha meta se tiver conseguido despertar o interesse dos leitores por um debate. Ninguém precisa ser um místico para acreditar que dar início a uma importante jornada é, em alguns aspectos, mais importante do que chegar a seu destino (especialmente quando esse destino não está claro ou é contestado).

Referências

Akerstrom, M., Jacobsson, K. and Wasterfors, D. (2004) Reanalysis of Previously Collected Material. In C. Seale, G. Gobo, J. Gubrium and D.Silverman (eds.) *Qualitative Research Practice.* London: Sage, pp. 344–58.

Arbus, D. (2005) *Revelations,* Exhibition catalogue, London: Victoria and Albert Museum.

Arendt, H. (1970) Walter Benjamin: 1892–1940, in W. Benjamin *Illumi-nations,* tr. H. Zohn, London: Jonathan Cape, pp. 1–58.

Atkinson, P. and Coffey, A. (2002) Revisiting the relationship between participant observation and interviewing. In J. Gubrium and J. Holstein (eds) *Handbook of Interuiew Research.* Thousand Oaks, CA.: Sage, pp. 801–14.

Atkinson, P. and Silverman, D. (1997) Kundera's *Immortality:* The Interview Society and the Invention of Self, *Qualitative Inquiry* 3 (3): 324–345.

Auster, P. (1990) *Moon Palace,* London: Faber and Faber.

Baker, C. (2004) Membership categorization and interview accounts. In D. Silverman (ed.) *Qualitative Research (Second Edition).* London: Sage, pp. 162–76.

Baker, N. (1997) *The Size of Thoughts,* London: Chatto.

Barnes, J. (2000) *Love etc,* London: Cape.

Becker, H.S. (1998) *Tricks of the Trade: How to tbink aboutyour research while doing it.* Chicago and London: University of Chicago Press.

Becker, H.S. and Geer, B. (1970) Participant observation and interviewing: a comparison. In W.J. Filsread (ed.) *Qualitatlve Methodology.* Chicago: Markham field data. In Adams, R. and Preiss, J. (eds), *Human Organization Research: Field relations and techniques,*Homewood, IL.: Dorsey.

Bennett, A. (2005) *Untold Stories,* London: Faber & Faber.

Benson, O.and Stangroom, J. (2006) *Why Truth Matters.* London: Continuum.

Bloor, M. (2004) Addressing social problems through qualitative research. In D. Silverman (editor) *Qualitative Research: Theory, method and practice* (Second Edition) London: Sage, pp. 305–24.

Byrne, B. (2004) Qualitative interviewing. In C. Seale (ed.), *Researching Society and Culture* (Second Edition) London: Sage, pp. 179–92.

Clavarino, A., Najman, J., Silverman, D. (1995) Assessing the quality of qualitative data. *Qualitative Inquiry,* 1 (2): 223–242.

Clifford, J. and Marcus, G. (eds) (1986) *Writing Culture.* Berkeley, CA:University of California Press.

Corti, L. and Thompson, P. (2004) Secondary Analysis of Archived Data. In C. Seale, G. Gobo, J. Gubrium and D. Silverman (eds) *Qualitative Research Practice.* London: Sage, pp. 327–43.

Cowan, A. (2006) *What I Know,* London: Sceptre.

Cuff, E.C. and Payne, G.C. (eds) (1979) *Perspectives in Sociology,* London: Allen and Unwin.

Dalton, M. (1959) *Men Who Manage.* New York: John Wiley & Sons.

Davenport-Hines, R. (2006) *A Night at tbe Majestic: Proust and the great modernist dinner party of 1922,* London: Faber & Faber.

Denzin, N. and Lincoln, Y. (2000) The Discipline and Practice of Qualitative Research. In N. Denzin and Y. Lincoln (eds) *Handbook of Qualitative Research* (Second Edition), Thousand Oaks, CA.: Sage, pp. 1–28.

Douglas, M. (1975) *Implicit Meanings,* London: Routledge.

Drew, P. (1989) Po-faced receipts of teases, *Linguistics, 25,* 1987: 219–253.

Drury, M.O.C. (1984) Conversations with Wittgenstein. In *Recollections of Wittgenstein,* edited by Rush Rhees, Oxford: Oxford University Press. pp. 76–96.

Eberle, T. and Maeder, C. (2002) 'The goals of the conference', conference proceedings, Conference on Ethnographic Organization Studies, University of St Gallen, Switzerland.

Edwards, D. (1995) Sacks and Psychology. *Theory and Psychology,* 5 (3): 579–596.

Emerson, R., Fretz, R. and Shaw, L. (1995) *Writing Ethnographic Fieldnotes,* Chicago, IL: Chicago University Press.

Filmer, P., Phillipson, M., Silverman, D. and Walsh, D. (1972) *New Directionsin Sociological Theory,* London: Collier MacMillan.

Flick, U. (1998) *An Introduction to Qualitative Research.* London: Sage.

Flyvbjerg, B. (2004) Five misunderstandings about case-study reseach. In C. Seale et ai. (editors), op.cit.: 420–34.

Frankfurt, H.G. (2005) *On Bullshit,* Princeton, NJ: Princeton University Press.

Freebody, P. (2003) *Qualitative Research in Education.* Introducing Qualitative Methods Series. London: Sage.

Furman, R., Lietz, C., and Langer, C.L. (2006). The research poem in international social work: Innovations in qualitative methodology. *International Journal of Qualitative Methods,* 5 (3) http://www.ualberta.ca/~ijqm/backissues/5_3/html/ furman.htm

Garfinkel, E. (1967) *Studies in Ethnomethodology,* Englewood Cliffs, NJ: Prentice-Hall.

Gellner, E. (1975) Ethnomethodology: The re-enchantment industry or Californian way of subjectivity. *Philosophy of the Social Sciences,* 5 (4): 431–50.

Gergen, K. (1992) Organization Theory in the Postmodern Era. In M. Ree and M. Hughes (eds), *Rethinking Organization: Directions in organization theory and analysis,* London: Sage, pp. 207–226.

Goffman, E. (1959) *The Presentation of Self in Everyday Life,* New York: Doubleday Anchor.

Gubrium, J. (1988) *Analyzing Field Reality,* Qualitativa Research Methods Series 8, Newbury Park, CA: Sage.

Gubrium, J. and Holstein, J. (1987) The private image: experiential location and method in family studies. *Journal of Marriage and the Family,* 49:773–786.

Gubrium, J. and Holstein, J. (eds) (2002) *Handbook of Interview Research,* Thousand Oaks,CA.: Sage.

Gubrium, J., Rittman, R., Williams, C., Young, M. and Boylstein, C. (2003) Benchmarking as Functional Assessment in Stroke Recovery. *Journal of Gerontology (Social Sciences),* 58B (4): S203–11.

Hammersley, M. (1992) *What's Wrong with Ethnography? Methodological explorations,* London: Routledge.

Hammersley, M. (2004) Teaching Qualitative Method: Craft, Profession or Bricolage? In C. Seale, G. Gobo, J. Gubrium and D. Silverman (eds) *Qualitative Research Practice.* London: Sage, pp. 549–60.

Heath, C. (2004) Analysing face-to-face interaction: Video, the visual and material. In D. Silverman (editor) op.cit.: 266–82.

Heath, C. and Luff, P. (2000) *Technology in Action*. Cambridge: Cambridge University Press.

Heath C. and P. Luff (forthcoming) Ordering competition: The interactional accomplishment of the sale of art and antiques at auction. *British Journal of Sociology.*

Hepburn, A. and Potter, J. (2004) Discourse Analytic Practice. In C. Seale, G. Gobo, J. Gubrium and D. Silverman (eds), op.cit.: 180–196.

Heritage, J. (1974) Assessing People. In N. Armistead (ed.), *Reconstructing Social Psychology.* Harmondsworth: Penguin, pp. 260–281.

Heritage, J. (1984) *Garfinkel and Ethnomethodology,* Cambridge: Polity Press.

Heritage, J. and Maynard, D. (2006) Problems and Prospects in the Study of Physician–Patient Interaction: 30 Years of Research. *Annual Review of Sociology,* 32: 351–74.

Heritage, J. Robinson, J. Elliott, M. Beckett, M. and Wilkes, M. (2006) Reducing Patient' Unmet Concerns in Primary Care: A Trial of Two Question Designs. Unpublished paper presented at the American Sociological Association.

Holstein, J. and Gubrium, J. (1995) *The Active Interview,* Thousand Oaks, CA.: Sage.

Holstein, J. and Gubrium, J. (2004) Context: Working it up, down and across. In C. Seale et ai. (eds), *Qualitative Research Practice,* London: Sage, pp. 297–311.

Janik, A. and Toulmin, S. (1996) *Wittgenstein's Vienna,* Chicago, IL: Ivan R. Dee.

Kafka, F. (1961) *Metamorphosis and Other Stories.* Harmondsworth: Penguin.

Kendall, G. and Wickham, G. (1999) *Using Foucault's Methods.* Introducing Qualitative Methods Series, London: Sage.

Ker Muir, Jr., W. (1977) *Police: Streetcorner Politicians.* Chicago, IL:University of Chicago Press.

Koppel, R. (2005) 'Role of Computerized Physician Order Entry Systems in Facilitating Medicai Errors'. *Journal of American Medical Association,* 293 (10): 1197–1202.

Kundera, M. (1989) *Immortality.* London: Faber & Faber.

Kundera, M. (2004) *The Unbearable Lightness of Being.* New York: Harper Collins.

Lehman, D. (1991) *Signs of the Times.* London: Andre Deutsch.

Levi, P. (1979) *If This Is A Man,* London: Penguin Books.

Linstead, A. and Thomas, H. (2002) 'What do you want from me'? A post-structuralist feminist reading of middle managers' identities, *Culture and Organization* 8 (1): 1–20.

Macnaghten, P. and Myers, G. (2004) Focus Groups. In C. Seale, G. Gobo, J. Gubrium and D. Silverman (eds) *Qualitative Research Practice,* London: Sage, pp. 65–79.

Maynard, D. (1991) Interaction and asymmetry in clinical discourse. *American Journal of Sociology, 97* (2): 448–495.

Maynard, D. (2003) *Bad News, Good News: Conversational order in everyday talk and clinical settings.* Chicago, IL: Chicago University Press.

McLeod, J. (1994) *Doing Counselling Research,* London: Sage.

Miller, G., Dingwall, R. and Murphy, E. (2004) Using qualitative data and analysis: Reflections on organizational research. In D.Silverman (ed.), *Qualitative Research: Theory, method and practice.* London: Sage, pp. 325–41.

Miller, G. and Fox, K. (2004) Building bridges: The possibility of analytic dialogue between ethnography, conversation analysis and Foucault. In D. Silverman (ed.), *Qualitative Research: Theory, method and practice.* London: Sage: 35–55.

Moerman, M. (1974) Accomplishing ethnicity. In R. Turner (ed.) *Ethno-methodology,* Harmondsworth: Penguin, pp. 54–68.

Moerman, M. and Sacks, H. (1971) On Understanding in Conversation, unpublished paper, 70th Annual Meeting, *American Anthropological Association,* New York City, 20 November 1971.

Moisander, J. and Valtonen, A. (2006) *Qualitative Marketing Research: A Cultural Approach.* London: Sage.

Nadai, E. and Maeder, C. (2006) The Promises and Ravages of Performance: Enforcing the Entrepreneurial Self in Welfare and Economy. Summary of the Project No. 4051–69081 National Research Program 51 'Social Integration and Social Exclusion' (www.nfp51.ch) Olten, Switzerland: Olten & Kreuzlingen.

Noaks, L. and Wincup, E. (2004) *Criminological Research: Understanding qualitative methods.* London: Sage.

O'Neill, M. in association with Sara Giddens, Patricia Breatnach, Carl Bagley, Darren Bourne and and Tony Judge (2002) Renewed methodologies for social research: Ethno-mimesis as performative praxis. *The Sociological Review,* 50 (1): 69–88.

Orr, J. (1996) *Talking About Machines: An Ethnography of a modem job.* Ithaca, NY: Cornell University Press.

Pascal, F. (1984) Wittgenstein: A Personal Memoir. In R. Rhees (ed.), *Recollections of Wittgenstein,* Oxford and New York: Oxford University Press.

Peräkylä, A., (1995) *AIDS Counselling.* Cambridge: Cambridge University Press.

Peräkylä, A., Ruusuvuori, J. and Vehviläinen, S. (2005) Introduction: Professional theories and institutional interaction. *Communication and Medicine,* 2 (2): 105–10.

Percy, W. (2002) The loss of the creature. In *Ways of reading: An anthology for writers.* Edited by D. Bartholomae and A. Petrosky. New York: St. Martin's, pp. 588–601.

Pinter, H. (1976) *Plays: One.* London: Methuen.

Polyani, M. (1964) *Personal Knowledge: Towards a post-critical philosophy.* New York: Harper & Row.

Popper, K. (1976) Reason or revolution? In T.W. Adorno et ai., *The Positivist Dispute in German Sociology,* London: Heinemann, pp. 288–300.

Potter, J. (1996) Discourse analysis and constructionist approaches: Theoretical background. In J. Richardson (ed.) *Handbook of Qualitative Research Methods for Psychology and the Social Sciences,* Leicester: BPS Books: 125–140.

Potter, J. (2002) Two kinds of natural. *Discourse Studies, 4* (4): 539–42.

Potter, J. (2004) Discourse Analysis as a Way of Analysing Naturally-Occurring Talk. In D. Silverman (ed.), op.cit.: 200–21.

Puchta, C. and Potter, J. (2003) *Focus Group Practice,* London: Sage.

Rapley, T. (2004) Interviews. In C. Seale, G. Gobo, J. Gubrium, and D. Silverman (eds), *Qualitative Research Practice,* London: Sage, pp. 15–33.

Roth, P. (2006) *Everyman,* London: Jonathan Cape.

Sacks, H. (1963) Sociological Description, *Berkeley Journal of Sociology,* 8: 1–16.

Sacks, H. (1972) Notes on police assessment of moral character. In D. Sudnow (ed.), *Studies in Social Interaction,* New York: Free Press, pp. 280–93.

Sacks, H. (1987) On the Preferences for Agreement and Contiguity in Sequences in Conversation. In G. Button and Lee, J.R.E. (eds), *Talk and Social Organization,* Clevedon, PA: Philadelphia: Multilingual Matters: 54–69 [from a lecture by H. Sacks (1970), edited by E. Schegloff].

Sacks, H. (1992a) *Lectures on Conversation,* volume l, edited by Gail Jefferson with an introduction by Emmanuel Schegloff, Blackwell: Oxford.

Sacks, H. (1992b) *Lectures on Conversation,* volume 2, edited by Gail Jefferson with an introduction by Emmanuel Schegloff, Blackwell: Oxford.

Sacks, H., Schegloff, E.A. and Jefferson, G. (1974) A simplest systematics for the organization of turn-taking in conversation. *Language,* 50 (4): 696–735.

Saussure, F. de (1974) *Course in General Linguistics,* London: Fontana.

Schegloff, E.A. (1968) Sequencings in conversational openings. *American Anthropologist,* 70: 1075–1095.

Schegloff, E.A. (1991) Reflections on Talk and Social Structure. In D. Boden and D. Zimmerman (eds), *Talk and Social Structure: Studies in Ethnomethodology and Conversation Analysis.* Cambridge: Polity Press, pp. 44–70.

Schegloff, E. and Sacks, H. (1974) Opening up Closings. In R. Turner (ed.) *Ethnomethodology,* Harmondsworth: Penguin, pp. 233–264.

Schon, D. (1983) *The Reflective Practitioner.* London: Temple Smith.

Shaw, R. and Kitzinger, C. (2005) Calls to a homebirth help line: empowerment in childbirth. *Social Science and Medicine,* 61: 2374–2383.

Shaw, R. and Kitzinger, C. (forthcoming) Memory in interaction: An analysis of repeat calls to a Home Birth helpline. *Research on Language and Social Interaction.*

Silverman, D. (1968) Clerical Ideologies: A research note. *British Journal of Sociology,* XIX (3): 326–333.

Silverman, D. (1970) *The Theory of Organizations.* London: Heinemann. Silverman, D. (1987) *Communication and Medical Practi-*

ce, London: Sage. Silverman, D. (1997) *Discourses of Counselling: HIV counselling as social interaction,* London: Sage.

Silverman, D. (1998) *Harvey Sacks and Conversation Analysis,* Polity Key Contemporary Thinkers Series, Cambridge: Polity Press; New York: Oxford University Press.

Silverman, D. (ed.) (2004) *Qualitative Methodology* (Second Edition London: Sage.

Silverman, D. (2005) *Doing Qualitative Research: A practical handbook* (Second Edition), London: Sage.

Silverman, D. (2006) *Interpreting Qualitative Data* (Third Edition) London: Sage.

Silverman, D. and Gubrium, J. (1994) Competing Strategies for Analyzing the Contexts of Social Interaction. *Sodological Inquiry,* 64 (2): 179–198.

Silverman, D. and Jones, J. (1976) *Organizational Work: The language of grading/the grading of language,* London: Collier-MacMillan.

Silverman, D. and Torode, B. (1980) *The Material Word: Some theories of language and its limits.* London: Routledge.

Sokal, A. and Bricmont, J. (1997) *Intellectual Impostures.* London: Profile.

Speer, S. (2002) 'Natural' and 'contrived' data: a sustainable distinction? *Discourse Studies,* 4 (4): 511–25.

Sullivan, M. (1993) Ethnodrama and Reality: Commentary on *The House That Crack Built. The American Prospect,* January 1 1993. www.prospect. org/print/v4/14/sullivan.html

Waitzkin, H. (1979) Medicine, superstructure and micropolitics. *Social Science and Medicine,* 13 A: 601–609.

Weber, M. (1949) *Methodology of the Social Sciences,* New York: Free Press.

Wilkinson, S. and Kitzinger, C. (2000) Thinking differently about thinking positive: a discursive approach to cancer patients' talk. *Social Science and Medicine,* 50: 797–811.

Wittgenstein, L. (1980) *Culture and Value.* Oxford: Basil Blackwell.

Apêndice: Símbolos de Transcrição

[ ]	Colchetes: entrada e saída de conversas superpostas
=	Igualdade: não há brecha entre duas falas
(0,0)	Pausa com tempo: Silêncio medido em segundos e décimos de segundos
(.)	Uma pausa de menos de 0,2 segundo
.	Ponto final: entonação descendente
,	Vírgula: nível da entonação
?	Interrogação: entonação ascendente
↑	Aumento da altura
↓	Redução da altura
-	Um traço no fim de uma palavra: uma saída abrupta
<	Conversa reproduzida imediatamente a seguir é "iniciada aos saltos", começa com uma aceleração
> <	Conversa mais acelerada do que as falas circundantes
< >	Conversa menos acelerada do que as falas circundantes
_____	Sublinhado: alguma forma de estresse, audível em altura ou amplitude.
:	Dois pontos: prolongamento do imediatamente anterior
º º	Sinais de graus cercando uma passagem da conversa: conversa em volume mais baixo do que o da dominante no ambiente
.hh	Uma linha de "h" prefixada por um ponto: uma inspiração
hh	Uma linha de "h" sem um ponto: uma expiração
PALAvra	Letras maiúsculas: Parte do discurso que é pronunciado em tom bem acima daquele da conversa no ambiente
(palavra)	Discurso ou parte dele entre parênteses: incerteza da parte de quem transcreve, mas uma possibilidade razoável
( )	Parênteses vazios: alguma coisa está sendo dita, sem que se consiga ouvi-la

(( ))   Parênteses duplos: descrições de eventos por quem transcreve, em vez de uma representação destes

Nota: Símbolos de transcrição adaptados por A. Peräkylä de J. M. Atkinson e J. Heritage (eds.). *Structures of Social Action.* Cambridge University Press 1984.

Índice de Autores

Akerstrom, M. 22-23
Arbus, D. 27-30, 32-34, 52-54
Arendt, H. 39-42
Atkinson, P. 87-88, 187-188

Baker, C. 19-20
Baker, N. 47-50
Barnes, J. 70-71
Becker, H. 22-23, 79-80, 204-205, 210-211
Benjamin, W. 41-42
Bennett, A. 55-56
Benson, O. 176-177, 197-199, 204-207
Bloor, M. 149-151
Bottomore, T. 13-15
Bricmont, J. 195-196
Brindle, P. 83-84, 210-211
Burkeman, O. 196-197

Chelbin, M. 29-30, 32-38, 51-56, 211-212
Christie, A. 46-47
Cicourel, A. 15-16
Clavarino, A. 73-74
Clifford, J. 204-205
Coffey, A. 87-88
Corti, L. 22-23
Cuff, E. 101-102
Cusk, R. 34-35

Dalton, M. 15-16
Denzin, N. 182-184, 192-194
Derrida, J. 208
Dingwall, R. 137-138
Douglas, M. 60-61, 84-86
Drew, P. 89-90
Durkheim, E. 13-15, 17-19

Eberle, T. 183-184
Edwards, D. 19-20
Emerson, R. 80-81, 84-86
Engels, F. 177-179

Filmer, P. 15-16
Flick, U. 183-184
Flyvbjerg, B. 128-129
Ford, F.M. 38-39
Foucault, M. 16-17, 142-144
Fox, K. 135-138
Frankfurt, H. 177-179, 197-203, 205-208
Freebody, P. 19-20
Fukuyama, F. 191-192
Furman, R. 192-194

Garfinkel, H. 16-17, 73-74, 158-160
Geer, B. 79-80
Gellner, E. 17-19
Gergen, K. 67-70
Glass, D. 13-15
Goffman, E. 50-51, 141-142
Gubrium, J. 17-20, 66-67, 79-83, 119-124, 127-128, 149-150, 184-186

Hammersley, M. 22-23, 183-184
Haywood, P. 45-47
Heath, C. 142-149, 186-187
Hepburn, A. 129-131, 163-165, 168-169
Heritage, J. 19-20, 106-108, 129-132, 168-169, 171-172
Hitchcock, A. 46-47
Holstein, J. 12-13, 66-67, 79-83, 123-124, 184-186

Hume, M. 187-188
Hunter-Tilney, L. 184-186, 196-197
Husserl, E. 158-160

Irigay, L. 196-197

Janik, A. 177-179
Jones, J. 16-17, 141-142, 149-150

Kafka, F. 196-199
Kendall, G. 16-17
Kitzinger, C. 108-112, 150-154
Koppel, R. 135-137, 148-149
Kundera, M. 26-27, 189-192

Lansdun, J. 34-35
Lanzmann, C. 39-40
Lehman, D. 176-177
Levi, P. 38-40
Lincoln, Y. 182-184, 192-194
Linstead, A. 64-67, 73-74, 76-77
Luff, P. 142-149
Lyer, P. 43-44

Macnaghten, P. 94-98, 108-109
Maeder, C. 138-142, 148-149, 183-184
Marx, K. 13-15, 177-179, 190-191
Marcus, G. 203-204
Maynard, D. 129-132, 154-161
McEwan, I. 45-47
McKenzie, R. 13-15
Mead, G.H. 49-50
Miller, G. 135-139
Moerman, M. 104-105
Moisander, J. 134-135
Moses, C. 15-16
Muir, K. 137-138
Murcott, A. 175-176
Murphy, E. 137-138
Myers, G. 94-98, 108-109

Nadai, E. 138-142, 148-149
Najman, J. 73-74
Noaks, L. 180-181, 189-190

O'Neill, M. 194-195

Pascal, F. 205-208
Payne, G. 101-102
Peräkylä, A. 153-156, 171-172
Percy, W. 132-134
Pinter, H. 31-34, 36-39
Polyani, M. 204-205
Popper, K. 203-204
Potter, J. 19-20, 81-88, 90-95, 124-125, 129-131, 163-165, 168-169
Propp, V. 42-44
Puchta, C. 84-86

Rapley, T. 12-13, 15-16, 66-67, 79-80, 83-84, 106-108
Roter, D. 129-131, 149-150
Roth, P. 43-44, 52-54
Ruusuvuori, J. 153-154
Ryen, A. 128-129

Sacks, H. 17-23, 26-27, 30-34, 45-52, 55-56, 66-67, 69-87, 97-106, 124-125, 207-208
Saussure, F. de 97-98, 105-109, 124-125
Schegloff, E. 17-19, 47-48, 87-90, 101-102, 105-106, 154-156,
Schon, D. 150-151
Schutz, A. 15-16, 27-28, 158-160
Seale, C. 63-64, 66-68, 83-84, 86-88
Shaw, R. 150-154
Simmel, G. 158-160

Sokal, A. 195-196
Speer, S. 84-90
Stangroom, J. 176-177, 197-199, 204-207
Stewart, J. 46-47
Sudnow, D. 50-51
Sullivan, M. 194-196

Thomas, R. 64-67, 73-74, 76-77
Thompson, P. 22-23
Torode, B. 16-17
Toulmin, S. 177-179

Valtonen, A. 134-135
Vehviläinen, S. 153-154

Waitzkin, H. 160-161
Weber, M. 13-16, 184-186
Whittle, E. 177-180
Wickham, G. 16-17
Wilkinson, M. 196-197
Wilkinson, S. 108-112
Wincup, E. 180-181, 189-190
Wittgenstein, L. 19-20, 41-42, 55-57, 205-208

Índice de Assuntos

adjacentes, pares 99-105
administração 64-67
Alzheimer, mal de 17-19
amigos 74-76
antropologia 17-19, 25-26, 30-31, 60-61, 86-87, 108-109, 158-160
arquitetura 142-144, 175-177
asma, pesquisa 61-67

Bali 36-38
biologia 47-48, 77-78
Blair, Tony 179-180, 187-188, 197-199
bullshit (blá-blá-blá) 177-208
Bush, George W. 179-181

Cameron, David 179-180
câncer 108-110, 123-124
casa de recuperação 19-20, 55-56, 119-123, 127-128
celebridade 43-44
cidadãos 12-13
ciência 203-204
cinema 42-43, 46-47
cirurgia 119-120
clínicas 16-17, 116-120
comparativo, método 16-17
Computer-Aided Design (CAD) 142-144
confiabilidade 49-50
consultoria 69-70, 110-117, 121-123, 131-134, 149-150, 161-162, 187-188
contagem 161-172
conteúdo, análise de 79-80

conversação, análise de 16-17, 19-20, 22-23, 83-84, 105-106, 150-162, 171-173
convites 182-183
corpo 194-195
criança, doença cardíaca 164-169
criança, proteção da 163-165
crianças 69-70, 116-120, 129-131
crime 50-52
cultura 42-47, 182-183, 191-192, 199-200

desempenho, etnografia 192-194
desfecho 46-48
design das perguntas 170-172
desvios do padrão 16-17, 117-119
detetives 46-47, 203-205
discurso, análise 19-20, 81-84
Divina Ortodoxia 131-134
documentos 67-68
Down, síndrome, crianças com 164-169
drogas, uso de 165-168

economia 13-15
educação 19-20
empregado 12-13
enfermeiras 149-150
entrevistas 15-16, 22-23, 43-44, 51-52, 59-94, 121-124, 131-132, 180-183, 187-191
erros médicos 134-137
esquizofrenia 69-70
estética 175-208
estudantes 12-13, 60-63, 90-92

estudos (pesquisas) 25-26, 123-125
etnicidade 131-132
etnodrama 192-196, 199-201
etnografia 16-20, 26-60, 63-64, 79-80, 84-87, 89-92, 119-129, 135-149, 158-162, 194-195
etnometodologia 15-19
experimental, literatura 59-60, 202-203
Explanatória, Ortodoxia 131-134, 154-156
extratos de entrevistas 108-117

fabricados, dados 22-23, 59-92
família 80-83
farmacêuticos 184-186
feminismo 64-66
fenomenologia 15-16
filosofia 15-16, 41-42, 55-71
física 203-204
foco, grupos de 81-86, 89-90, 93-98, 108-112, 131-132, 180-181
fotografia 26-38, 41-42, 51-56, 204-205
funerais 52-54

gênero 87-88, 131-132
geneticamente modificados, alimentos 95-98, 108-109

hipóteses 16-17
historiadores, 158-160, 203-204
HIV 110-117, 132-134, 149-150, 161-162
Holocausto 38-40
hospitais 17-20, 63-64, 97-98
humanos-computadores, humor 89-90

infartos 149-150
interação 142-149

Internet 61-63

jornais 42-43, 56-57

Kahn, Sammy 43-44

Lawson, Mark 43-44
lei 51-52, 120-121
linguística 108-109
literários, estudos 176-177

Mahler, Gustav 177-179
máquina do comentarista 72-74
medicina generalista 168-172
médico-paciente, comunicação 129-132, 154-161, 164-172
memória 69-71
Metrô de Londres 144-149
mineiros de carvão 26-27, 31-32, 186-187
morte 43-44
Mozart, W.A. 67-68
Musil, R. 177-179

narrativa 70-71
notas de campo 84-86, 108-109

observação de massa 25-27, 31-32, 56-57
organizações 15-17, 64-66, 137-150

parteiras 149-154
pesquisa qualitativa comercial 93-95
pessoal 16-17, 138-142
polícia 31-32, 50-52
pós-moderno(ismo) 16-17, 127-128, 176-179, 182-184, 190-203
Profissional cliente, relações 127-132, 148-172
propaganda (*advertising*) 197-199

Índice de Assuntos

Proust, M. 38-39
provérbios 47-50, 207-208
psicologia 19-20, 32-34
psicologia social 158-160
psiquiatria 97-98

quantitativa, pesquisa 15-16, 25-26, 59-60, 63-66, 93-94, 121-124, 183-184, 187-188
questionários 108-112, 187-188

racismo 76-78
receptor, *design* 172-173
reportagem 154-161
romantismo 67-71, 83-84, 182-183, 191-195

seguros 19-20
semiótica 16-17
sequências 23-24, 97-125
sequências de demonstração de perspectivas 154-161
sexualidade 112-117

simbólico, interacionismo 17-19, 183-186
Sociedade da Entrevista 67-68, 199-200
Sontag, S. 43-44
suicídio 70-71, 73-74

teatro 31-34, 36-39
televisão 25-26, 45-46, 63-64, 69-70, 182-183, 186-190
tendenciosidade 93-94
teoria 16-19, 20-23, 59-60, 83-84, 158-160, 176-177, 209-210
teorismo 45-57
tomadas 74-77
transcrições 180-183
trânsito 50-51
tratamentos da fenda palatina 116-120

vídeos 84-86, 144-145
vinhetas 90-92